晶硅太阳电池制造及应用

袁宁一　丁建宁　主编

科学出版社

北　京

内 容 简 介

本书共 9 章，分别为绪论、太阳电池光学、晶硅太阳电池工作原理、晶硅太阳电池设计、晶硅材料的制备、晶硅太阳电池制造、晶硅光伏组件、光伏系统其他部件及光伏系统的设计。涉及的内容主要有：太阳电池的由来以及国内外光伏产业发展现状；太阳光的特性以及太阳辐射的计算；光和物质的相互作用、光电转化的基本原理、太阳电池特性和主要参数；太阳电池总体设计，光学、复合、电学和组件设计；多晶硅的制造方法、多晶硅锭和单晶硅棒的制备；高效晶硅电池制备技术；光伏组件电路设计、组件失配分析、退化和故障分析；光伏支架、蓄电池、光伏系统控制器、光伏逆变器等；光伏发电系统设计原则和方法等。

本书可作为普通高等院校相关专业本科生和研究生的教材或学习参考资料，也可供光伏行业的科研人员参考。

图书在版编目（CIP）数据

晶硅太阳电池制造及应用 / 袁宁一，丁建宁主编. —北京：科学出版社，2023.8
　ISBN 978-7-03-076234-4

Ⅰ. ①晶… Ⅱ. ①袁… ②丁… Ⅲ. ①硅太阳能电池-高等学校-教材 Ⅳ. ①TM914.4

中国国家版本馆 CIP 数据核字（2023）第 156891 号

责任编辑：邓　静 / 责任校对：王　瑞
责任印制：赵　博 / 封面设计：马晓敏

科学出版社 出版
北京东黄城根北街 16 号
邮政编码：100717
http://www.sciencep.com
北京建宏印刷有限公司印刷
科学出版社发行　各地新华书店经销
*
2023 年 8 月第 一 版　开本：720×1000　1/16
2024 年 5 月第二次印刷　印张：10 1/4
字数：220 000

定价：68.00 元

（如有印装质量问题，我社负责调换）

前　　言

党的二十大报告指出，在建设现代化产业体系中，要"推动战略性新兴产业融合集群发展，构建新一代信息技术、人工智能、生物技术、新能源、新材料、高端装备、绿色环保等一批新的增长引擎"。从中可以看出，推进新能源生产和消费革命、促进生态文明建设具有重要意义。近年来，在国家政策引导与技术革新驱动的双重作用下，光伏产业保持快速增长态势，产业规模持续扩大，技术迭代更新不断，目前已在全球市场取得领先优势。随着光伏等新能源产业的发展进入"快车道"，人才的需求也越来越大。这类人才不仅需要有跨学科的背景知识，还要了解生产线的整体设计和运维。未来几年光伏市场规模将加速扩大，快速增长的产业规模对相关人才的培养也提出了更高要求。我国高校并没有开设光伏专业，从业人员主要来自材料、能源、应用物理等专业。同时，随着光伏发电与建筑、交通、农业等领域的融合发展，在应用层面，复合型人才也将更为稀缺。

本书是基于作者在光伏领域多年积累的研究基础和产学研合作经验，用浅显易懂的文字编写而成的，涉及太阳电池光学、半导体物理基础知识、晶硅太阳电池工作原理、材料制造、电池制造、组件制造、光伏系统及其应用等。

完成本书的编写工作要特别感谢团队的老师们以及我所指导的学生。多年来，培养的学生遍布在国内各个光伏企业，从事高效晶硅电池工艺研究、光伏装备开发、系统应用、测试验证、技术管理等。他们对本书的出版做出了巨大的贡献。

本书由袁宁一、丁建宁主编，负责全书内容结构和统稿工作。参与编写的人员有：贾旭光参与了第2～4章的编写，房香、董旭参与了第4、5章的编写，王芹芹参与了第6章的编写，李绿洲参与了第7～9章的编写。

由于本书涉及技术广泛，而作者水平有限，书中内容不足之处在所难免，敬请学界同仁和行业技术人员不吝指教。

袁宁一

2022 年 12 月

目　　录

第1章 绪 论

1.1 温 室 效 应

温室效应(greenhouse effect)又称"花房效应",是大气效应的俗称。温室效应是指透射阳光的密闭空间由于与外界缺乏热对流而形成的保温效应,即太阳短波辐射可以透过大气射入地面,而地面增暖后放出的长波辐射却被大气中的二氧化碳(CO_2)等物质所吸收,从而产生大气变暖的效应。大气中的二氧化碳就像一层厚厚的玻璃,使地球变成了一个大暖房。

地球的温度是太阳入射的能量和地球向太空中辐射能量之间建立平衡的结果。大气层的存在和构成对地球所发出的辐射产生强烈的影响。太阳辐射主要是短波辐射,而地面辐射和大气辐射则是长波辐射。大气对长波辐射的吸收力较强,对短波辐射的吸收力较弱。二氧化碳对 13~19 μm 波长带吸收强烈,而大气气体——水蒸气,则对 4~7 μm 波长带吸收强烈。白天时,太阳光照射到地球上,部分能量被大气吸收,部分被反射回宇宙,大约 47%的能量被地球表面吸收。晚上地球表面以红外线的方式向宇宙散发白天吸收的热量,其中也有部分被大气吸收。如果地球像月球一样没有大气层的话,地球表面的平均温度约为-18℃。但是,大气层中以二氧化碳为代表的"温室气体"吸收了向外的辐射,从而将这些能量保留在大气层中并温暖了地球,进而使地球的温度保持在平均 14~15℃左右,比月球高出 33℃(图 1-1)。人类活动将越来越多的"温室气体"释放到大气层中,这些气体对 7~13 μm 波长带产生吸收,尤其是二氧化碳、甲烷、臭氧、一氧化二氮和氯氟烃(chlorofluorocarbon,CFC)。这些气体会加剧温室效应,并可能导致地表温度的进一步升高。

进入 21 世纪,全球经济快速发展的同时带来了严重的环境污染、全球气温上升、化石能源过度消耗等一系列问题。2016 年《巴黎协定》的生效,显示了全世界范围内对环境恶化和不可再生资源过度消耗的一致认识,并凸显了各国发展可再生能源的急迫需求和决心。在此背景下,风能、光能、生物能等可再生能源的开发利用日益受到国际社会的高度关注。随着经济的发展,我国逐渐成为主要的资源消耗大国,发展可再生能源任务紧迫。在已知的几种可再生能源中,太阳能作为一种分布广泛、安全可靠、经济性强的能源,具有广阔的开发前景。开发利用太阳能对我国能源结构调整、可持续绿色发展有极其重要的意义。光伏发电是

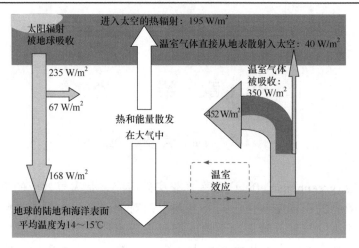

图 1-1 温室效应原理图

开发利用太阳能的主要方式之一，近年来我国光伏产业发展迅速，光伏装机量也在快速增加。2022 年 10 月，党的二十大报告提出"积极稳妥推进碳达峰碳中和"，"深入推进能源革命，加强煤炭清洁高效利用，加大油气资源勘探开发和增储上产力度，加快规划建设新型能源体系，统筹水电开发和生态保护，积极安全有序发展核电，加强能源产供储销体系建设，确保能源安全。完善碳排放统计核算制度，健全碳排放权市场交易制度。提升生态系统碳汇能力。积极参与应对气候变化全球治理"。

1.2 太 阳 能

太阳能(solar energy)是指太阳的热辐射能，是由太阳内部氢原子发生氢氦聚变释放出巨大核能而产生的，是一种可再生能源。自地球上有生命诞生以来，人类就主要依靠太阳提供的热辐射能生存，人类所需能量的绝大部分直接或间接地来自太阳。植物通过光合作用释放氧气，吸收二氧化碳，并将太阳能转变成化学能在植物体内储存下来。而且人类自古就懂得利用阳光晒干物件并作为制作食物的方法，如制盐和晒咸鱼等。煤炭、石油、天然气等化石燃料是由古代埋在地下的动植物经过漫长的地质年代演变形成的一次能源。地球本身蕴藏的能量通常指与地球内部的热能有关的能源和与原子核反应有关的能源。与原子核反应有关的能源就是核能。原子核的结构发生变化时能释放出大量的能量，称为原子核能，简称核能，俗称原子能。它来自于地壳中储存的铀、钍等发生裂变反应时的核裂变能资源，以及海洋中储藏的氘、氚、锂等发生聚变反应时的核聚变能资源。这些物质在发生原子核反应时释放能量。目前核能最大的用途是发电。此外，还可以用作其他类型的动力源、热源等。

　　太阳能是太阳内部连续不断的核聚变反应过程产生的能量。地球轨道上的平均太阳辐射强度为 1369 W/m²。地球赤道周长为 40076 km，从而可以计算出，地球获得的能量可达 173000 TW。在海平面上的标准峰值强度为 1 kW/m²，地球表面某一点的平均辐射强度为 0.20 kW/m²，相当于有 102000 TW 的能量。太阳辐射到地球大气层的能量仅为其总辐射能量的 22 亿分之一，每秒照射到地球上的太阳辐射能量为 1.465×10^{14} J，相当于 500 万吨煤。地球上的风能、水能、海洋温差能、波浪能和生物质能都来源于太阳；即使是地球上的化石燃料从根本上说也是远古以来储存的太阳能，所以广义的太阳能包括的范围非常大。狭义的太阳能则限于太阳辐射能的光热、光电和光化学的直接转换。

　　在化石燃料日趋减少的情况下，太阳能已成为人类使用能源的重要组成部分，并不断得到发展。太阳能有两种重要的应用方式：一种是光热，其基本原理是将太阳辐射能收集起来，通过与物质的相互作用转换成热能加以利用。目前使用最多的太阳能收集装置主要有平板型集热器、真空管集热器和聚焦集热器等。通常根据所能达到的温度和用途不同，将太阳能光热利用分为低温利用（<200℃）、中温利用（200~800℃）和高温利用（>800℃）。目前低温利用主要有太阳能热水器、太阳能干燥器、太阳能蒸馏器、太阳房、太阳能温室、太阳能空调制冷系统等，中温利用主要有太阳灶、太阳能热发电聚光集热装置等，高温利用主要有高温太阳炉等。另一种是光电，其基本原理是利用光生伏打效应将太阳辐射能直接转换为电能，它的基本装置是太阳电池。

1.3　太阳电池的由来

　　1839 年，法国物理学家亚历山大·埃德蒙·贝克勒尔（Alexandre-Edmond Becquerel）意外地发现，用两片金属浸入溶液构成的伏打电池，受到阳光照射时会产生额外的伏打电势，他将这种现象称为"光生伏打效应"，简称"光伏效应"。"光伏效应"是太阳能光伏技术的物理基础。为了纪念贝克勒尔的贡献，光伏效应又被称为"贝克勒尔效应"。之后威洛比·史密斯（Willoughby Smith）于 1873 年在硒中发现了光伏效应。1876 年，威廉·G·亚当斯（William G. Adams）与他的学生理查德·E·戴（Richard E. Day）发现，照亮硒与铂之间的结合点也具有光伏效应。这两个发现为 1877 年建造的第一个硒太阳电池结构奠定了基础。1883 年，美国发明家查尔斯·弗里茨（Charles Fritts）通过在硒上涂上一层金制造了第一个太阳电池（图 1-2）。弗里茨表示，硒组件产生的电流"是连续的、恒定的并且具有相当大的力"。作为第一块太阳电池，该器件的能量转换率仅为 1%，但是弗里茨预言太阳电池具有广阔的发展前景。

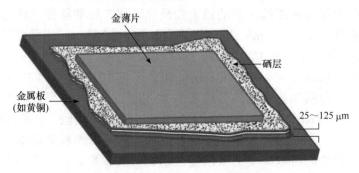

图 1-2　弗里茨光伏器件示意图

　　对光伏效应做出全面的物理解释的是 1905 年爱因斯坦对光电效应的描述。他提出了光量子假说，揭示了光电转化的本质。爱因斯坦的理论解释在 1916 年罗伯特·密立根（Robert Millikan）的实验中得到了验证。1918 年，波兰科学家扬·柴可拉斯基（Jan Czochralski）发明了一种生产单晶硅的方法，即直拉生长法，该方法后来被用作生产单晶硅太阳电池。

　　20 世纪 50 年代，随着对半导体物理性质的逐渐了解，以及加工技术的进步，美国贝尔实验室的研究员在 1954 年发现，在硅中掺入一定量的杂质会使其对光更加敏感，并制作出第一个有实际应用价值的太阳电池，效率为 4.5%。在之后的几个月，贝尔实验室将电池效率提升到 6%，所制造的晶硅太阳电池组件登载于 1955 年 12 月的《科学美国人》上（图 1-3）。1957 年，霍夫曼电子公司推出了效率为 8% 的太阳电池。1958 年，同一家公司推出了效率为 9% 的太阳电池。同年，出于发展航天技术的目的，生产出第一款防辐射硅太阳电池。到了 60 年代，美国发射的人造卫星已经利用太阳电池作为能量来源。70 年代，能源危机令世界各国开始

图 1-3　贝尔实验室晶硅太阳电池组件（登载于 1955 年 12 月《科学美国人》）

意识到新能源开发的重要性。1973 年发生了石油危机，人们开始将太阳电池的应用转移到一般的民生用途上。

从 20 世纪 80 年代到 90 年代初期，受益于微电子领域对晶体硅的研究，高性能晶硅太阳电池技术有了长足进步，能量转化效率突破 20%，面临的挑战转变为如何降低太阳电池制造成本以使光伏发电成为更具竞争力的电力来源。

20 世纪 90 年代至今，太阳电池已广泛地被各国政府推广使用。中国光伏产业起步较晚但呈现迅速发展的势头。2002 年，我国光伏行业开始起步。在"十五"期间，我国在光伏发电技术研发工作上先后通过"国家高技术研究发展计划""国家科技攻关计划"安排，开展了晶体硅高效电池、非晶硅薄膜电池、碲化镉和铜铟硒薄膜电池、晶硅薄膜电池以及应用系统的关键技术研究，大幅提高了光伏发电技术和产业的水平，缩短了光伏发电制造业与国际水平的差距。2010 年后，在欧洲经历光伏产业需求放缓的背景下，我国光伏产业迅速崛起。近年来我国光伏产业快速发展，已经成为我国在世界范围内取得领先地位的产业，被国家列为战略性新兴产业之一。我国的光伏产业从"三头在外"成长为世界第一，实现了从晶硅原料到系统应用的全产业链革新。《2020—2021年中国光伏产业年度报告》指出，在光伏装机量方面，2020 年全国新增光伏并网装机量 48.2 GW，同比上涨 60.1%。光伏累计并网装机量达到 253 GW，新增和累计装机量均为世界第一。全年光伏发电总量为 2605 亿 kW·h，约占全国总发电量的 3.5%。2021 年底光伏新增装机量超过 55 GW，累计装机量达到308 GW。

随着太阳能产业的快速发展，太阳电池技术也在飞速革新，实验室和产业化电池转换效率不断取得突破。太阳电池技术的发展大致可分为三代。第一代为晶硅太阳电池，包括单晶硅和多晶硅电池。第二代太阳电池为薄膜太阳电池。第三代太阳电池包括染料敏化太阳电池和叠层太阳电池等。图 1-4 为 2021 年末美国国家可再生能源实验室(National Renewable Energy Laboratory，NREL)发布的不同种类太阳电池效率记录表。晶硅太阳电池具有材料成本低、转换效率高和可靠性高等优点，目前仍然是光伏产品中的主流技术。市场占有率最大的高效晶体硅太阳电池技术为 p 型单晶钝化发射极背面接触(passivated emitter and rear contact，PERC)电池，随着市场对电池效率的要求越来越高，PERC 电池的效率一直在以每年 0.5% 的绝对效率增长，目前在大规模生产中效率已经达到 23%～23.5%。2019年我国隆基乐叶报道了 p 型 156.75 mm×156.75 mm(245.5 cm^2) Cz-Si (Czochralski-Si)单晶 PERC 电池，采用德国 Fraunhofer ISE 标准电池在光伏组件的标准测试条件(standard test condition，STC)包括：光强 1000 W/m^2、AM 1.5、组件温度 25℃)，按照 IEC 60904-3 标准测得的效率达 23.83%；同年，其单晶双面 PERC 电池经国家光伏质检中心(CPVT)测试，正面转换效率达到 24.06%。2020 年，天合光能研发团队报道了工业化大面积 158.75 mm×158.75 mm(252.2 cm²)双面 PERC 电池，通过德国哈梅林太阳能研究所(ISFH)独立认证，效率达到了 23.39%。2021 年，通威太阳能制备的 166 mm×166 mm(274.50 cm²)电池经 ISO/IEC 17025 第三方机构认证的转化效率为 23.47%。同年，天合光能宣布，其自主研发的 210 mm×210 mm (441.0 cm²)高效 PERC 电池，经 CPVT 第三方测试认证，电池效率可达到 23.56%。同时选择性钝化接触技术如隧穿氧化层钝化接触(tunnel oxide passivated contacts，TOPCon)技术和带有本征层的异质结(heterojunction with intrinsic thin-layer，HIT)技术也正在进行商业化应用并占据了一定的市场份额。2022 年，晶科能源研发的 182 mm×182 mm (330.8 cm²)的 n 型单晶硅钝化接触(TOPCon)电池，经中国计量科学院检测实验室认证，全面积电池转化效率达 25.7%。同年，隆基绿能硅异质结光伏电池经 ISFH 测试，166 mm×166 mm(274.4 cm²)电池的光电转换效率达 26.5%。

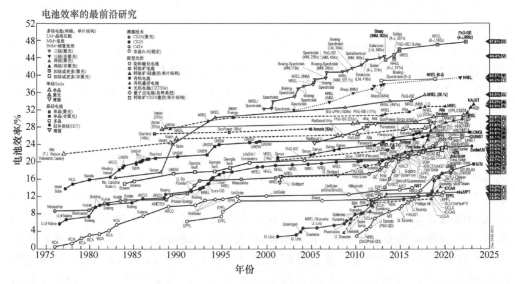

图 1-4　不同种类太阳电池效率记录表

1.4　太阳电池的分类

太阳电池工作原理的基础是半导体 p-n 结的光生伏打效应。光生伏打效应是指当物体受到光照时，物体内的电荷分布状态发生变化而产生电动势和电流的一种效应。p 型半导体(含有较高浓度的"空穴")和 n 型半导体(含较高浓度的电子)结合在一起时，其界面在因电子和空穴的浓度差导致的扩散作用下形成空间电荷区，称为 p-n 结。由于正负电荷之间的相互作用，空间电荷区内形成内电场，其方向是从 n 区指向 p 区。当受到光照射，在半导体内部 p-n 结附近生成的电子-空穴没有被复合而到达空间电荷区时，受内部电场的作用，电子流入 n 区，空穴流入 p 区，结果使 n 区储存了过剩的电子，p 区有过剩的空穴。它们在 p-n 结附近形成与势垒方向相反的光生电场。光生电场除了部分抵消势垒电场的作用外，还使 p 区带正电，n 区带负电，在 n 区和 p 区之间的薄层就产生了电动势，这就是光生伏打效应(图 1-5)。

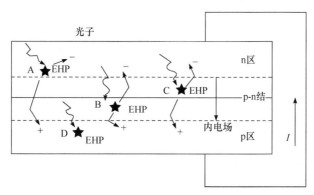

图 1-5　光生伏打效应原理图(EHP：电子-空穴对)

太阳电池根据所用材料的不同，可分为硅太阳电池、无机化合物薄膜太阳电池、有机薄膜太阳电池。

1. 硅太阳电池

硅太阳电池分为单晶硅太阳电池、多晶硅太阳电池和非晶硅薄膜太阳电池三种。

单晶硅太阳电池转换效率最高，技术也最为成熟。PERC 的大规模生产效率达 23%～23.5%。n 型单晶硅由于其杂质少、纯度高、无晶界位错缺陷以及电阻率容易控制和无光致衰减等优势是实现高效率太阳电池的理想材料，成为行业关注和研究的热点。随着钝化发射极背面全扩散(passivated emitter and rear totally-diffused，PERT)、隧穿氧化层钝化接触、带有本征层的异质结等电池新结构的引入，n 型单晶电池的效率优势会越来越明显。

多晶硅太阳电池与单晶硅相比，成本相对较低，但其转换效率没有优势，目前市场份额较小。

非晶硅薄膜太阳电池是一种以非晶硅化合物为基本组成的薄膜太阳电池，其转换效率在 10%左右。非晶硅材料是由气相沉积形成的，普遍采用的沉积方法是等离子体增强化学气相沉积(plasma-enhanced chemical vapor deposition，PECVD)

法。由于反应温度低，可在 200℃左右的温度下制造，因此可以在玻璃、不锈钢板、陶瓷板、柔性塑料片上沉积薄膜，易于大面积化生产。但其受制于材料引发的光电效率衰退效应，稳定性不高，直接影响了它的实际应用。

2. 无机化合物薄膜太阳电池

无机化合物薄膜太阳电池主要包括砷化镓、硫化镉、碲化镉及铜铟硒等薄膜电池。硫化镉、碲化镉薄膜电池较非晶硅薄膜太阳电池的效率高，易于大规模生产，但由于镉有毒，其应用领域受到限制。砷化镓材料具有理想的光学带隙以及较高的吸收效率，其单结电池的转换效率可达 28%，多结的更是达到 50%以上。砷化镓太阳电池抗辐照能力强，对热不敏感，但制造成本高。

3. 有机薄膜太阳电池

有机薄膜太阳电池是以有机物薄膜为主要功能层的薄膜太阳电池。利用导电聚合物或小分子有机材料实现光的吸收和电荷转移。按结构，其可分为单层太阳电池、双层太阳电池和本体异质结太阳电池。有机薄膜太阳电池能通过"卷对卷印刷"技术大规模生产，制造成本低廉。但目前电池效率和制造技术还有待进一步提高。

1.5　国内外光伏产业发展现状

在全球气候变暖的大背景下，绿色低碳已经成为全球共识，世界各国积极出台政策措施推动可再生能源开发利用，全球已有 170 多个国家提出了"碳中和"的气候目标，发展以光伏、风电为代表的可再生能源已成为全球共识。2021 年全球光伏行业继续保持高速发展。根据中国光伏行业协会（China Photovoltaic Industry Association，CPIA）预测，全球光伏新增装机量较 2020 年实现 31%的增长，达到创历史的 170 GW。中国光伏新增装机量 54.88 GW，稳居世界第一，紧跟其后的为美国 26.8 GW、欧盟 25.9 GW、印度 11.89 GW，均保持了同比快速增长，其中印度新增装机增速高达 218%。

在"碳中和"成为全球命题的背景下，我国光伏产业链继续保持全球领先优势，至 2022 年，光伏组件产量连续 16 年位居全球首位，多晶硅产量连续 12 年位居全球首位，新增装机量连续 10 年位居全球首位，累计装机量连续 8 年位居全球首位。最新数据显示，2022 年 1~2 月中国光伏发电装机量约 3.1 亿 kW，同比增长 20.9%。光伏发电新增装机量约 1086 万 kW，同比增加 761 万 kW。

第 2 章　太阳电池光学

地面光伏利用的是到达地球表面的太阳辐射，而这些辐射会受到地球几何形状与地球大气的影响。本章主要介绍太阳辐射的基本性质以及不同时间、不同大气和环境条件下各种阳光的光谱性质。

2.1　光学发展史

光是一种重要的自然现象。人们之所以能看到客观世界中丰富多彩的景象，是因为眼睛接收物体发射、反射或散射的光。

光学是一门研究光（电磁波）的行为和性质，以及光和物质相互作用的物理学科。光学是物理学中最古老的一门基础学科，传统内容十分丰富，如光的产生、传播、本性等；光学又是当今科学领域中最活跃的前沿阵地之一，激光的问世使得光学焕发青春，如光子学、信息光学、光通信等。光学的发展是一个漫长而曲折的历史过程，主要经历了萌芽时期、几何光学时期、波动光学时期、量子光学时期、现代光学时期等五大历史时期。

1. 萌芽时期（约公元前 5 世纪～16 世纪初）

光学的起源和力学、热学一样，可以追溯到两三千年以前。春秋战国时期墨子（公元前 468—前 376）及其弟子所著《墨经》中记载了直线传播、光在镜面上的反射等现象，并提出了一系列的实验规律。这是有关光学知识的最早记录。西方也很早就有光学知识的记载，欧几里得（Euclid，公元前 330—前 275）的《反射光学》研究了光的反射，提出了反射定律和光类似触须的投射学说。

大约公元 100 年克莱门德和托勒密研究了光的折射现象，最早测定了光在两介质界面的入射角和折射角。阿拉伯学者阿尔·哈增（Al-Hazen，965—1039）写过一部《光学全书》，讨论了许多光学现象。公元 11 世纪阿拉伯人伊本·海赛木发明了透镜，到 16 世纪初，凹面镜、凸面镜、眼镜、透镜以及暗箱和幻灯等光学元件也已相继出现。这些光学元件的发明推动了光学进一步向前发展。

2. 几何光学时期（16 世纪～18 世纪）

1608 年荷兰人李波尔（Lippershey）发明了第一架望远镜，17 世纪初詹森（Janssen）和冯特纳（Fontana）发明了第一架显微镜。1610 年伽利略制作了望远镜，并用望远镜观察星体运动。1611 年开普勒发表《折光学》，设计了开普勒天文望远镜。1630 年斯涅耳(Snell)和笛卡尔(Descartes)总结出光的折射定律。这些发明和发现是光学由萌芽时期发展到几何光学时期的重要标志。

直到 1657 年费马(Fermat)得出著名的费马原理，并从原理出发推出了光的反射和折射定律。这两个定律奠定了几何光学的基础，光学开始真正形成一门科学。牛顿在 1666 年提出光的微粒理论：光是高速运动的细小微粒。能够解释光的直线传播和反射折射定律，但不能解释牛顿圈和光的衍射现象。惠更斯在 1678 年提出光的波动理论：光是在"以太"中传播的波。其成功地解释了光的反射和折射定律、方解石的双折射现象，但他的理论没有指出光的周期性和波长的概念，没有脱离几何光学的束缚。此后 100 多年时间里两种理论不断争斗，18 世纪以前微粒理论占上风，这种优势在 19 世纪初被打破。

3. 波动光学时期(19 世纪初～19 世纪末)

1801 年托马斯·杨的"杨氏双缝干涉实验"解释了光的干涉现象，初步测定了光的波长，并于 1817 年提出光是一种横波。1815 年菲涅耳补充了惠更斯原理，形成惠更斯-菲涅耳原理；解释了光在各向同性介质中的直线传播和光的衍射现象，并推出菲涅耳公式。最终，19 世纪初光的波动理论终于战胜了微粒理论。至此，光的波动理论既能解释光的直线传播，又能解释光的干涉、衍射和偏振等现象。

1845 年法拉第发现了光的振动面在强磁场中的旋转，揭示了光与电磁场的内在联系。1856 年韦伯和柯尔劳斯发现电荷的电磁单位与静电单位的比值等于光在真空中的传播速度。1861 年麦克斯韦建立了著名的电磁理论，该理论预言了电磁波的存在，并指出电磁波的速度与光速相同，提出光是一种电磁波的假设。1888 年赫兹发现了波长较长的电磁波——无线电波，它有反射、折射、干涉、衍射等与光类似的性质，传播速度恰好等于光速。至此，光的电磁理论基础被正式确立。

针对惠更斯波动理论中光的传播介质"以太"是否存在这一问题，迈克耳孙和莫雷于 1887 年利用光的干涉效应(迈克耳孙干涉仪)，试图探测地球相对于"以太"的运动，得到了否定的结论，证实"以太"根本不存在。

4. 量子光学时期(20 世纪初～20 世纪中叶)

1900 年，普朗克从物质的分子结构理论中借用不连续性的概念，提出了辐射的量子理论。他认为各种频率的电磁波，包括光，只能以各自确定分量的能量从振子射出，这种能量微粒称为量子，光的量子称为光子。量子理论很自然地解释了灼热体辐射能量按波长分布的规律，以全新的方式解释了光与物质相互作用的过程和原理。量子理论不但给光学，也给整个物理学提供了新的概念，所以通常将它的诞生视为近代物理学的起点。

1905 年爱因斯坦发展了光的量子理论，成功地解释了光电效应，提出了光的波粒二象性。至此，光到底是"粒子"还是"波动"的争论得到解决：在某些方面，光表现得像经典的"波动"，在另一些方面表现得像经典的"粒子"，光有"波粒二象性"。这样，在 20 世纪初，一方面从光的干涉、衍射、偏振以及运动物体的光学现象确证了光是电磁波；另一方面又从热辐射、光电效应、光压以及光的化学作用等无可怀疑地证明了光的量子性——微粒性。

1916 年爱因斯坦预言原子和分子可以产生受激辐射。他在研究辐射时指出，在一定条件下，如果能使受激辐射继续激发其他粒子，造成连锁反应，雪崩似的获得放大效果，最后就可得到单色性极强的辐射，即激光。这为现代光学的发展奠定了理论基础。

5. 现代光学时期(20 世纪中叶至今)

1960 年，梅曼用红宝石制成第一台激光器，同年制成氦氖激光器；1962 年产生了半导体激光器；1963 年产生了可调谐染料激光器。此后，光学开始进入一个新的发展时期，以至于成为现代物理学和现代科学技术前沿的重要组成部分。

激光具有极好的单色性、高亮度和良好的方向性，所以自发现以来得到迅速的发展和广泛应用，引起了光学领域和科学技术的重大变革。由于激光技术的发展突飞猛进，目前激光已经广泛应用于打孔、切割、导向、测距、医疗、通信等方面，在核聚变等方面也有广阔的应用前景。同时光学也被相应地划分成不同的分支学科，组成一张庞大的现代光学学科网络。

2.2 太阳光的特性

光或可见光通常是指人眼可以感受到的电磁辐射。整个电磁频谱范围非常广，从波长以米为单位的低能无线电波到波长小于 1×10^{-11} m 的高能 γ 射线，如图 2-1 所示。顾名思义，电磁辐射描述了电场和磁场的波动，以光速(通过真空约为 300000 km/s)传输能量。

我们每天看到的光只是在地球上接收到太阳所发出的总能量的一小部分。太阳光是"电磁辐射"的一种形式，而我们所能看到的可见光只是电磁波谱的一小部分，可见光与电磁波谱的其他部分没有本质上的区别，只是人眼可以感受到可见电磁波。实际上，这仅对应于电磁光谱非常窄的窗口，范围从紫光的约 400 nm 到红光的 700 nm。低于 400 nm 的辐射称为紫外线(ultraviolet ray，UV)，大于 700 nm 的辐射称为红外线(infrared ray，IR)，人眼都无法看到。但是，先进的科学探测器，可以探测和测量整个电磁光谱范围内的光子。

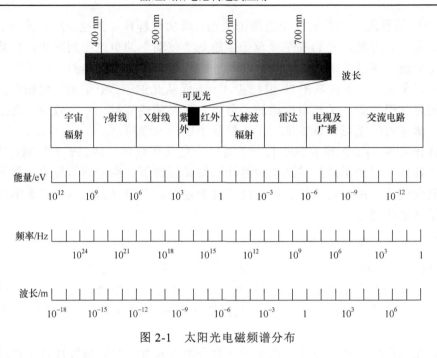

图 2-1 太阳光电磁频谱分布

2.2.1 光子的能量

光子的特征可以用其波长 λ 表示，或者等效地用能量 E 表示。光子的能量 (E) 与光的波长 (λ) 之间存在如下反比关系：

$$E = \frac{hc}{\lambda} \tag{2-1}$$

其中，h 是普朗克常数，其值为 $6.626 \times 10^{-34}\,\mathrm{J \cdot s}$；$c$ 是真空中的光速，其值为 $2.998 \times 10^{8}\,\mathrm{m/s}$。

上述反比关系表示由高能光子组成的光(如"蓝"光)具有较短的波长，由低能光子组成的光(如"红"光)具有较长的波长。

当处理如光子或电子之类的"粒子"时，常用的能量单位是电子伏特(eV)，而非焦耳(J)。1 电子伏特是将一个电子提升一伏特所需的能量，所以电子伏特和焦耳的换算关系为

$$1\,\mathrm{eV} = 1.602 \times 10^{-19}\,\mathrm{J} \tag{2-2}$$

因此，可以用 eV 来表示光子能量与波长的反比系数：

$$hc = \left(1.99 \times 10^{-25}\right) \times \left(\frac{1}{1.602} \times 10^{19}\right)\mathrm{eV \cdot m} = 1.24 \times 10^{-6}\,\mathrm{eV \cdot m} \tag{2-3}$$

通常用微米(μm)作为光子波长的单位，因此，光子能量 E(单位为 eV)与波

长 λ（单位为 μm）的关系用下式表示：

$$E = \frac{1.24}{\lambda} \tag{2-4}$$

2.2.2　光子的通量

光子通量的定义为每秒通过单位面积的光子数量，即

$$\Phi = \frac{\text{光子数目}}{\text{s} \cdot \text{m}^2} \tag{2-5}$$

光子通量对于确定其产生的电子数从而计算太阳电池所产生的电流方面十分重要。由于光子通量不提供关于光子能量（或波长）的信息，因此还必须指定光源中光子的能量或波长。

2.2.3　辐照度与光谱辐照度

在光学中，辐照度是指单位面积接收到的辐射功率，即电磁辐射到达某处时每单位面积的功率，单位为瓦特每平方米（W/m^2）。对于单色光，可以通过光子波长（或能量）和光子通量计算出辐照度。其计算方法是用光子通量乘以单个光子的能量。由于光子通量给出了单位时间内撞击单位表面积的光子数目，用它乘以其相应光子通量中的单个光子能量，就能得出单位时间内单位面积上撞击的能量，也就是辐照度。为达到同样的辐照度，高能光子（短波长）所需要的光子通量低于低能光子（长波长）所需要的光子通量。例如，蓝光和红光入射到表面的辐射功率密度相同时需要的蓝光光子更少，因为其每个光子具有更多的能量。

对于复合光，辐照度表示各种频率辐射的总量。在光伏技术中，我们不仅关心辐射的总能量，还需要知道这些能量的分布。光谱辐照度是关于光子波长（或频率）的分布函数，用 F 表示，其定义为波长 λ 处的单位波长间隔内的光辐射产生的辐照度，是表征光源最常用的数值。光谱辐照度的单位一般是 $W/(m^2 \cdot \mu m)$ 或 $W/(m^2 \cdot nm)$。

光源发出的辐射到达某曲面的总辐射功率密度（辐照度）可以通过光谱辐照度在所有波长（或能量）上积分计算：

$$H = \int_0^\infty F(\lambda) \mathrm{d}\lambda \tag{2-6}$$

其中，H 是在辐射到达某曲面的总功率密度，即辐照度，W/m^2；$F(\lambda)$ 是光谱辐照度，$W/(m^2 \cdot \mu m)$。

在实际应用中，一般将所测量的光谱辐照度乘以其测量的波长间隔，然后对所有波长进行累加计算，即

$$H = \sum F(\lambda)\Delta\lambda \qquad (2\text{-}7)$$

其中，$\Delta\lambda$ 是波长间隔。

2.3　黑体辐射与太阳辐射

在热力学中，黑体是一个理想化的物体，它能够吸收外来的全部电磁辐射，并且不会有任何的反射与透射。随着温度上升，黑体所辐射出来的电磁波则称为黑体辐射。经典物理学无法解释此类物体辐射的电磁波的能量分布，但是 1900 年，普朗克给出了一个数学表达式，可以完美描述黑体的能谱分布。根据普朗克黑体辐射定律，黑体表面的光谱辐照度为

$$F(\lambda, T) = \frac{2\pi h c^2}{\lambda^5} \cdot \frac{1}{\mathrm{e}^{\frac{hc}{\lambda kT}} - 1} \qquad (2\text{-}8)$$

其中，λ 是光的波长；T 是黑体温度，K；F 是光谱辐照度；h 是普朗克常数；c 是真空光速；k 是玻尔兹曼常数。

黑体的总功率密度是通过计算光谱辐照度在所有波长上的积分从而得出：

$$H = \sigma T^4 \qquad (2\text{-}9)$$

其中，σ 是斯特藩-玻尔兹曼常数；T 是黑体的温度，K。

太阳外表面的温度是 5778 K，为了方便计算太阳辐射可以近似为表面温度为 6000 K 的黑体辐射。但是太阳所发出的总功率中只有一小部分会到达地球。理想的黑体光谱（黑体表面辐射能谱）如图 2-2 所示。在地球大气层之外测得的实际太阳光谱辐照度与理想化的黑体光谱非常相似（图 2-3）。术语 AM0 代表"大气光学质量为 0"：这意味着太阳辐射与地球大气没有任何相互作用。"大气光学质量"一词将在 2.4 节中进行详细说明。

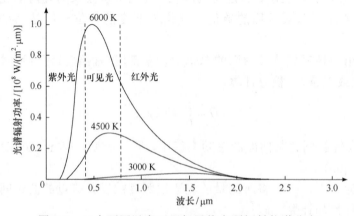

图 2-2　三个不同温度下理想黑体表面辐射能谱分布

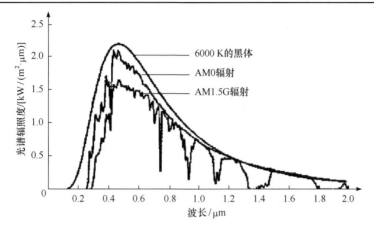

图 2-3 表面温度 6000 K 的黑体的光谱辐照度与 AM0、AM1.5G 的对比
表面温度 6000 K 的黑体的光谱辐照度，位于恰好是地球大气层以外的位置所观察到的太阳光球层的光谱辐照度（AM0），以及在穿透 1.5 倍于地球大气层垂直厚度的地球大气之后的太阳光球层的光谱辐照度（AM1.5G）

太阳辐照度（H_0，W/m²）是太阳照射到物体上的功率密度。在太阳表面，功率密度相当于约 6000K 的黑体，其总功率是该数值乘以太阳表面积。但是，在与太阳有一定距离的地方相当于来自太阳的总功率散布在更大的虚拟球体表面积上。假设日地距离为 D，地球表面的太阳辐照度可以通过将太阳发出的总功率除以太阳光落在其上的虚拟球体表面积而得到。太阳所发出的总辐射由 σT^4 乘以太阳的表面积（$4\pi R_{sun}^2$）得出，其中 R_{sun} 是太阳的半径。这些来自太阳的辐射功率将落在表面积为 $4\pi D^2$ 的虚拟球体上。因此，到达地球表面（大气层外）的太阳辐照度 H_0（W/m²）为

$$H_0 = H_{sun}\frac{R_{sun}^2}{D^2} \tag{2-10}$$

其中，H_{sun} 是由斯特藩-玻尔兹曼黑体公式得出的太阳表面功率密度，W/m²；R_{sun} 是太阳的半径，m；D 是该物体到太阳的距离，m。由于地球轨道是椭圆形而不是圆形的，因此日地距离也随时间变化，国际天文学联合会将日地距离定义为 149597870700 m，代入上式计算可得到达地球的太阳辐照度为 1.37 kW/m²，而测得的标准值也被称为太阳常数，其值为 1.366 kW/m²（需要注意的是，太阳常数并非是一个从理论推导出来的、有严格物理内涵的常数）。

2.4 地球表面的太阳辐射

下述因素会对地表接收到的太阳辐射产生若干影响。
（1）大气效应，包括吸收和散射。

（2）大气中的局部变化，如水蒸气、云层和污染。

（3）地理纬度的不同。

（4）一年中季节和一天中时间的不同。

这些影响包括地表接收到的总功率、光谱组成以及光的入射角度。某个关键的影响会导致特定位置的太阳辐射差异急剧增加。这些差异可能产生于局部影响，如云层和季节的变化；或者其他影响，如某纬度下白天的时长。由于沙漠地区的局部大气相对稳定（如云层），因此其变化往往较小。而赤道地区季节影响则相对较小。

2.4.1 影响太阳辐射减弱的因素

太阳辐射穿过大气时辐射能被减弱，其减弱程度与阳光在大气中经历的路程和大气混浊程度有关，前者用大气光学质量表示，后者用大气透明系数表示。

1. 大气光学质量

大气光学质量是指阳光穿过大气层的路径长度与最短路径长度（即太阳在头顶正上方时）的比值（图 2-4）。大气光学质量量化了光通过大气层时和空气及灰尘的吸收所造成的功率损失。大气光学质量定义为

$$AM = \frac{1}{\cos\theta_Z} \tag{2-11}$$

其中，θ_Z 是光线与垂线的夹角（天顶角）。这是基于对均匀无折射的大气层假设，在接近地平线时会有大约 10% 的误差。

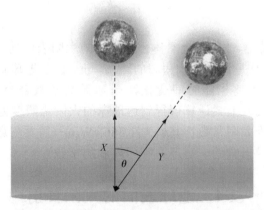

图 2-4　太阳辐射所穿过的大气厚度（大气光学质量）取决于太阳在天空中的位置

大气光学质量表示在到达地面之前，光在大气层中必须通过的相对路径长度（相对垂直入射路径），其值等于 Y/X

当太阳在头顶正上方（$\theta_Z = 0°$）时，大气光学质量为 1，称为 AM1；当 $\theta_Z=60°$

时，大气光学质量为 2，称为 AM2。AM0 是指太阳光在大气层外的光谱辐照度，将其在整个光谱范围内积分就得到 2.3 节提到的太阳常数，1.366 kW/m²。太阳电池效率对入射光的功率和光谱变化都很敏感。为了便于对在不同时间和地点测量的太阳电池进行准确的比较，人们定义了地球大气层外部和地球表面太阳辐射的标准光谱和功率密度。地球表面的标准光谱被称为 AM1.5G（G 代表全局辐射或总辐射，包括直接和扩散辐射），通过计算可以得出 AM1.5G 约为 970 W/m²。但是，由于四舍五入的便利性和入射太阳辐射的内在变化，标准的 AM1.5G 已被定义为 1 kW/m²。

2. 大气透明系数

在大气中传输，太阳辐射被减弱。大气透明系数 p 是太阳辐射穿过一个大气光学质量的透射率，p 值小于 1。

2.4.2　太阳辐射与大气离子的相互作用

大气与入射的阳光以及地球的出射光相互作用，发生两个主要过程：光散射和光吸收。光散射会在不改变波长特性的情况下重新分配大气中的任何光能，而光吸收会将光能转换为吸收分子的内能，并最终将其作为热量传递给周围的大气。随着太阳光穿过大气层，太阳光谱的光谱性质会发生显著变化。光谱的各个波长与大气成分的相互作用程度不同。

1. 光吸收

当太阳辐射与大气中的气体和颗粒相互作用时，一些气体和颗粒具有吸收入射太阳辐射的能力。大气中的吸收可以定义为由大气成分捕获太阳辐射的过程。捕获的能量会加热这些气体和颗粒，然后，捕获的能量以热或长波长辐射的形式重新辐射。大气中的各种分子，如水蒸气、O_2、O_3、CO_2 分子等在太阳光谱范围内会有吸收。因此，部分吸收的太阳光会改变到达地球表面的太阳光的性质。由于此过程，入射的太阳光实际上不存在某些波长，特别是在太阳光谱的红外区域（波长大于 700 nm）中。

2. 光散射

当辐射不被吸收时，它可以向各个方向偏转（类似于乒乓球撞到铁球上被弹开），这就是大气散射现象，其性质取决于以下因素：辐射的波长、粒子和大气分子的密度、颗粒大小以及要穿过的大气层厚度。散射一般分为三种类型：瑞利散射、米氏散射和非选择性散射。

1）瑞利散射

当阳光照射到小于其波长的粒子上时，就会发生瑞利散射。瑞利散射在很大程度上取决于波长λ，它与 $1/\lambda^4$ 成正比。因此，瑞利散射的量随着波长的减小而增加。这就是短波长的阳光即蓝光被强烈散射的原因，也是天空呈现蓝色的原因。瑞利散射现象还解释了这样一个事实：与中午的太阳光谱相比，早晨和晚上的太阳光谱具有更高比例的红光和红外光。因此，太阳本身在日出和日落时看起来都偏红。

2）米氏散射

这种类型的散射也称为"烟雾和尘埃粒子的散射"，它源自大气中大于太阳光波长的散射粒子。米氏散射是由大气下部的一种或多种花粉颗粒、灰尘、烟雾、水滴和其他颗粒引起的。在地球上给定位置的米氏散射程度取决于当地环境条件。因此，在工业区和人口稠密地区，大气中阳光的衰减更强。

由于存在光散射和光吸收，到达地球表面总的太阳辐射（全局辐射）由直接辐射和漫射构成。经过吸收作用，穿过大气到达地球表面的太阳辐射被削弱了大约 30%，每天阳光强度的直接辐射部分可以根据实验确定的大气光学质量函数方程式得出：

$$I_D = 1.353 \times 0.7 \cdot AM^{0.678} \tag{2-12}$$

其中，I_D 是垂直于太阳光线的平面上的强度，kW/m²；AM 是大气光学质量；数值 1.353 kW/m² 是太阳常数；数字 0.7 的产生是由于大气层外部大约 70% 的入射辐射能够到达地球表面；0.678 次幂是对观测数据的经验拟合，并考虑了大气层中的非均匀性。

同时由于存在大气散射作用，即使在晴天，漫射辐射仍然约为直接辐射的 10%。因此晴天中垂直于阳光的组件上的太阳总辐射为

$$I_G = 1.1 \times I_D \tag{2-13}$$

3）非选择性散射

非选择性散射是散射粒子的粒径比辐射波长大得多时发生的散射，散射系数与波长无关。当大气中充满大粒子尘埃时，常会出现这种散射，导致可见光、近红外、中红外散射，造成接收数据的严重衰减。

2.5　太阳的视运动

地球绕地轴自转造成了太阳的视运动，它改变了阳光的直接辐射部分在地表形成的角度。从地面上的固定位置看来，太阳似乎在整个天空中移动。太阳与地球某固定位置之间的角度取决于该位置的纬度、一年当中的时间和一天当中的时间。另外，太阳升起和落下的时间取决于该位置的经度。因此，完整地模拟太阳到地球上固定位置的角度需要该位置的纬度、经度、一年当中的时间和一天当中

的时间。图 2-5 所示是在南纬 35°(或北纬 35°)的固定观察者看到的太阳位置。在春分和秋分时,太阳正东升起,正西落下。在正午时分,太阳高度等于 90°减去纬度。在冬至和夏至,太阳的高度增加或减少一个黄赤交角 23°27′。

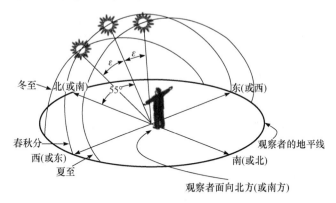

图 2-5　太阳光的直接辐射部分在地表形成的角度

这种太阳视运动对太阳能接收器所能接收到的功率有重大影响。当太阳光线垂直于吸收表面时,其表面上的功率密度等于入射功率密度。然而,随着太阳和吸收表面之间角度的改变,表面上的强度也随之降低。当组件与太阳光线平行(即与组件法线的角度等于 90°)时,光的强度基本上降为零。图 2-6 所示为对于中间角度,相对功率密度为 $\cos\theta$,其中 θ 是太阳光线与组件法线之间的角度。

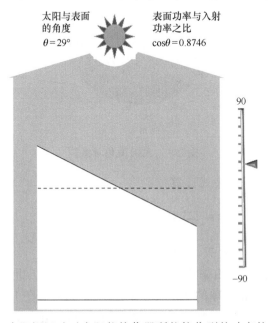

图 2-6　太阳视运动对太阳能接收器所能接收到的功率的示意图

2.6　地表斜面上辐射量

为增加光伏组件表面接收的太阳辐射量，工程设计中通常将光伏组件朝向地球赤道方向倾斜一定角度。选择合适的倾角，是太阳能工程设计中的首要工作。

2.6.1　地表斜面上倾角

在研究落在倾斜面上的太阳辐射，寻找以倾斜面上接收到最大的太阳辐射量为最佳倾角时，须考虑太阳偏角、仰角、天顶角、方位角等因素。

1. 太阳偏角

太阳偏角（以 δ 表示）是由于地球自转轴的倾斜以及地球绕太阳公转而产生季节性的变化，是赤道与从地球中心到太阳中心的连线之间的夹角，如图 2-7 所示。如果地球自转轴没有倾斜，太阳偏角将始终为 $0°$。但是，地轴倾斜了 $23.45°$，偏角在此值的正负之间变化。只有当春分和秋分时偏角等于 $0°$。

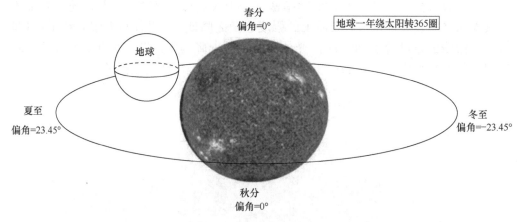

图 2-7　太阳偏角示意图

太阳偏角可以用下列公式计算：

$$\delta = -23.45° \times \cos\left(\frac{360}{365} \times (d+10)\right) \tag{2-14}$$

其中，d 是一年当中的第几天，如 1 月 1 日时 $d=1$。

在春分和秋分日，太阳偏角为零。北半球夏季为正，北半球冬季为负。偏角在 6 月 21 日或 22 日（北半球的夏至）达到最大值 $23.45°$，在 12 月 21 日或 22 日（北半球的冬至）达到最小值 $-23.45°$。在式（2-14）中，$+10$ 是由于冬至日一般在元旦前

10 天。该公式还假定太阳轨道是一个完美的圆,并且 360/365 的系数将天数转换为轨道中的位置。

2. 仰角

仰角(可与高度角互换使用)是太阳到水平线的角高度。高度和海拔也都用来描述海平面上的高度,以米为单位。在日出时,仰角为 0°,当太阳在头顶上方时,仰角为 90°(如在春分和秋分的赤道处)。仰角在一天中随时变化。另外,它还取决于某位置的纬度和一年中所处的天数。

光伏系统设计中的一个重要参数是最大仰角,即一年中某特定时间里太阳的最大高度。该最大仰角发生在正午时刻,并且取决于纬度和太阳偏角,如图 2-8 所示。

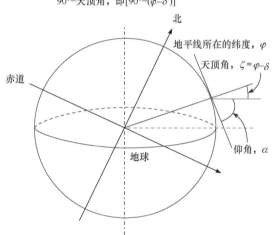

图 2-8 太阳正午的最大仰角(α)取决于纬度(φ)和太阳偏角(δ)

图 2-8 中,可以根据以下公式确定太阳正午时的仰角:

$$\alpha = 90° - \varphi + \delta \tag{2-15}$$

其中,φ是该位置的纬度(北半球为正值,南半球为负值);δ是太阳偏角,取决于一年当中的第几天。

当式(2-15)给出的数值大于 90°时,则从 180°中减去该数值。这意味着正午时的太阳像典型的北半球一样位于南边。

夏至时的北回归线,太阳直射头顶,其仰角为 90°。夏季,在赤道和北回归线之间的纬度上,正午的太阳仰角大于 90°,这意味着阳光像北半球的大部分区域一样,是从北方而不是从南方照射过来。同样,在一年中的某些时期,在赤道和南回归线之间的纬度上,阳光是从南方而不是北方照射过来。

3. 天顶角

天顶角是太阳和垂线之间的角度。天顶角类似于仰角，但是它是从垂直方向而不是从水平方向测量的，因此天顶角=90°-仰角。

4. 方位角

方位角是入射阳光的罗盘方向。在正午时刻，太阳在北半球总是位于正南，在南半球总是位于正北。在分点时，无论纬度如何，太阳都从正东升起并向正西落下，因此方位角在日出时为 90°，在日落时为 270°。但是一般而言，方位角随纬度和一年中的时间而变化。

2.6.2 地表斜面上的辐射量计算

入射到光伏组件上的太阳功率不仅取决于阳光所具有的功率，还取决于组件与阳光之间的角度。当组件表面与阳光垂直时，表面上所吸收的功率密度等于阳光的功率密度(换句话说，当组件表面垂直于阳光时，功率密度将处于最大值)。但是，随着太阳与固定表面之间的角度不断变化，固定组件所接收的功率密度将小于入射阳光的功率密度。

入射到倾斜组件表面上的太阳辐射量是入射太阳辐射的垂直分量。图 2-9 给出了通过测量水平面上的太阳辐射(S_{horiz})或垂直于阳光方向的太阳辐射($S_{incident}$)，来计算入射到斜面上的太阳辐射(S_{module})。

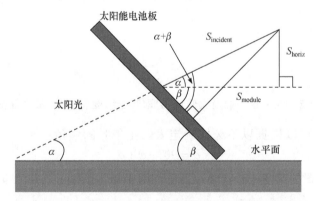

图 2-9 入射到倾斜组件表面上的太阳辐射量示意图

第3章　晶硅太阳电池工作原理

太阳电池是一种将太阳光直接转化为电能的电子设备。照射在太阳电池上的光的能量被吸收后一部分转化为电能，可以对外输出做功。该过程首先需要一种材料，可以吸收光子将电子提升到较高的能量状态；其次，该较高能量的电子能从太阳电池移动到外部电路。最后，电子将其能量耗散到外部电路中，并返回到太阳电池。有很多材料和工艺都可能满足光伏能量转换的要求，但实际上，几乎所有光伏能量转换都使用 p-n 结形式。图 3-1 所示为晶硅太阳电池发电原理示意图。

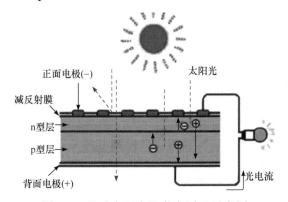

图 3-1　晶硅太阳电池发电原理示意图

3.1　光和物质的相互作用

光生伏打效应是太阳电池的工作原理。法国物理学家亚历山大·埃德蒙·贝克勒尔率先通过实验证明了光伏效应：1839 年，年仅 19 岁的他在父亲的实验室里观察到将氯化银置于酸性溶液中照光，接上铂电极后会产生电压与电流。但是直到 20 世纪量子力学的建立与能带理论的发展才解释了光与物质相互作用的原理。

3.1.1　晶体的能带结构

能带理论是用量子力学的方法研究固体内部电子运动的理论。它定性地阐明了晶体中电子运动的普遍特点，并进而说明了导体与绝缘体、半导体的区别。固体材料的能带结构由多条能带组成，类似于原子中的电子能级。电子先占据低能级的能带，逐步占据高能级的能带。根据电子填充的情况，能带分为传导带(简称导带,少量电子填充)和价电带(简称价带,大量电子填充)。导带和价带间的空隙称为禁带(电子无法填充),大小为带隙,如图 3-2 所示。

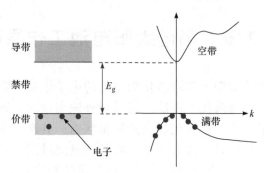

图 3-2　半导体能带示意图

　　能带结构可以解释固体中导体(没有带隙)、半导体(带隙＜3 eV)、绝缘体(带隙＞3 eV)三大类区别的由来。材料的导电性是由"导带"中含有的电子数量决定的。当电子从"价带"获得能量而跃迁至"导带"时,在外电场的作用下,未填满的导带能带中的电子产生净电流,材料表现出导电性。

　　半导体材料是导电能力介于导体和绝缘体之间的一类固体材料。按原料可将其分为元素半导体材料和化合物半导体材料。元素半导体材料:以单一元素组成的半导体,属于这一材料的有硼、金刚石、锗、硅、灰锡、锑、硒、碲等,其中以锗、硅、灰锡研究较早,制备工艺相对成熟。化合物半导体材料:由两种或两种以上元素组成半导体,种类繁多,已知的二元化合物就有数百种。这类材料包括:①三五半导体,由ⅢA 族元素 Al、Ga、In 和ⅤA 族元素 P、As、Sb 组成,如砷化镓(GaAs);它们都具有闪锌矿结构,在应用方面仅次于 Ge、Si。②二六半导体,ⅡB 族元素 Zn、Cd、Hg 和ⅥA 族元素 S、Se、Te 形成的化合物,是一些重要的光电材料;ZnS、CdTe、HgTe 具有闪锌矿结构。③四四半导体,SiC 和 Si-Ge 合金都具有闪锌矿结构。

3.1.2　硅的化学键模型

　　晶体硅半导体由规则的周期性结合在一起的硅原子组成,每个硅原子与周围的 4 个原子形成 4 对共价键。其结构如图 3-3 所示。

　　在低温下,这些键合的电子不能移动或改变能量,因此不能参与太阳电池中电流的产生。在高温下,特别是在太阳电池工作的温度下,电子可以获得足够的能量来破坏共价键。发生这种情况时,电子可以自由地在晶格中移动并参与导电。从能带的角度来看,键合的电子处于低能级的价带,获得能量可以破坏共价键跃迁到导带成为近自由电子。电子跃迁后在价带会留下一个被破坏的共价键即所谓

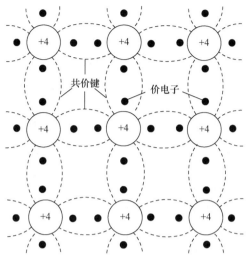

图 3-3　硅的化学键模型

的"空穴"，相邻位置共价键中的电子可以移动填补这一空穴，这一过程看起来就像是带正电荷的空穴在反向移动。因此，将电子激发到导带中不仅在导带中会产生可以自由移动的电子，也会在价带中产生可以移动的空穴。电子和空穴都可以参与半导体的导电过程，被称为"载流子"。图 3-4 展示了本征半导体、n 型半导体、p 型半导体中电子在能带中的示意图。

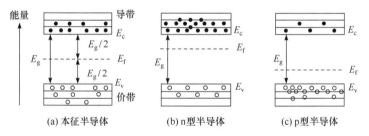

图 3-4　电子在半导体能带中的示意图

1. 本征载流子

电子从价带激发到导带，同时价带中产生空穴。这些热激发产生的自由载流子称为本征载流子，其浓度称为本征载流子浓度，用 n_i 表示。未掺杂杂质元素的半导体材料称为本征材料。本征载流子浓度是本征材料中导带中的电子数或价带中的空穴数。载流子的数量取决于材料的带隙和材料的温度。带隙越大，载流子越难以被热激发到导带上。因此，在带隙较高的材料中，本征载流子浓度较低。提高温度会使电子更有可能被激发到导带中，这将增加本征载流子浓度。

2. 掺杂

哪些原子适合作为某种半导体材料的掺杂元素需视两者的原子特性而定。一般而言，掺入杂质元素与半导体材料价电子的不同而产生的多余价电子会挣脱束缚，成为导电的自由电子，杂质电离后形成正电中心，这些掺入的元素称为施主杂质。施主原子带来的价电子多数会与被掺杂材料的原子产生共价键，进而被束缚。而没有与被掺杂材料原子产生共价键的电子则会被施主原子微弱地束缚住，这个电子称为施主电子。与本征半导体的价电子比起来，施主电子跃迁至导带所需的能量较低，比较容易在半导体材料的晶格中移动，产生电流。虽然施主电子获得能量会跃迁至导带，但并不会和本征半导体一样留下一个空穴，施主原子在失去电子后只会固定在半导体材料的晶格中。因此这种因为掺杂而获得多余电子提供传导的半导体称为 n 型半导体，n 代表带负电荷的电子。与施主相对的，受主原子进入半导体晶格后，因为其价电子数目比半导体原子的价电子数量少，等效上会带来一个空位，这个多出的空位即可视为空穴。受主掺杂后的半导体称为 p 型半导体，p 代表带正电荷的空穴。

硅有四个价电子，常用于硅的掺杂物有三价与五价的元素。当只有三个价电子的三价元素如硼掺杂至硅半导体中时，硼扮演的是受主的角色，掺杂了硼的硅半导体就是 p 型半导体。反过来说，如果五价元素如磷掺杂至硅半导体时，磷扮演施主的角色，掺杂磷的硅半导体称为 n 型半导体。示意图如图 3-5 所示。

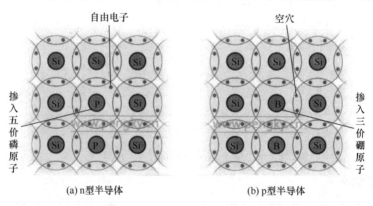

(a) n 型半导体　　　　　　　　　　　(b) p 型半导体

图 3-5　通过在硅晶格中掺入不同杂质所产生的 n 型和 p 型半导体材料示意图

3. 平衡状态下的载流子浓度

没有外部施加偏压的导带和价带中的载流子浓度称为平衡载流子浓度。对于多数载流子，平衡载流子浓度等于本征载流子浓度加上通过掺杂半导体而添加的自由载流子的数量。在大多数情况下，半导体的掺杂比本征载流子浓度大几个数量级，因此多数载流子的数量大约等于掺杂量。

在平衡状态下，多数载流子浓度和少数载流子浓度的乘积是一个常数，即

$$n_0 p_0 = n_i^2 \qquad (3-1)$$

其中，n_0 是导带中平衡电子浓度；p_0 是价带中平衡空穴浓度；n_i 是本征载流子浓度。

3.1.3　光子的吸收和能量转换

当光照射太阳电池时，半导体材料吸收光子，价带中的电子被激发跃迁至导带，产生一对自由电子和空穴（图 3-6）。这一过程中，光子必须具有大于或至少等于半导体的带隙 E_g 的能量 $E_{ph} = h\nu$（其中 h 是普朗克常数，ν 是光的频率）。带隙能量是导带的最低能级 (E_c) 和价带的最高能级 (E_v) 之间的能级差（图 3-7）。对于给定的半导体，E_g 是一个常数，仅略微取决于温度。表 3-1 给出了 $T = 25℃$ 时各种非晶和晶体半导体的 E_g 值。

表 3-1　$T = 25℃$ 时各种非晶和晶体半导体的 E_g 值

材料	能带	
	数值	状态
晶体硅（同单晶硅）	1.12	间接
氢化微晶硅（μc-Si:H）	1.12	间接
氢化非晶硅	1.7～1.9	非直接
单晶锗（c-Ge）	0.67	间接
氢化非晶锗（a-Ge:H）	1.1	非直接
氢化非晶 Si-Ge 合金（a-Si,Ge:H）	1.1～1.8	非直接
砷化铟（InAs）	0.36	直接
碲化镉（CdTe）	1.49	直接
硒化铜铟（CuInSe$_2$）	1	直接
铜铟镓硒（CIGS）（Cu$_x$In$_y$Ga$_z$Se$_2$）	1～1.7	直接
铜锌锡硫硒[Cu$_2$ZnSn(S,Se)$_4$]	1～1.5	直接
氧化亚铜（Cu$_2$O）	2	直接
碲化锌（ZnTe）	2.25	直接
砷化镓（GaAs）	1.43	直接
黄铁矿（FeS$_2$）	0.95	直接

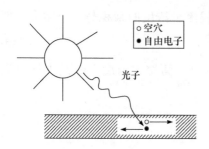

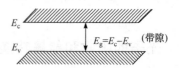

图 3-6　吸收光子，产生一对
自由电子和空穴

图 3-7　吸收的光子能量大于或
至少等于半导体的带隙

取决于入射光子能量和太阳电池材料的带隙，可能发生三种情况。

（1）$E_{ph} = E_g$：在这种情况下，光子可以被吸收，然后将生成一个电子-空穴对（图 3-8），而不会损失能量。

（2）$E_{ph} > E_g$：在这种情况下，光子很容易被吸收，然后将形成一个电子-空穴对。超出的能量 $E_{ph}-E_g$ 迅速转化为热能（加热；图 3-9）。

（3）$E_{ph} < E_g$：光子的能量不足以被吸收。光子将在其他地方反射或吸收，并且其能量会丢失。

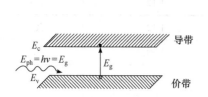

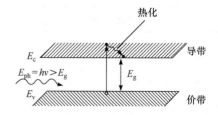

图 3-8　光子能量等于半导体的带隙

图 3-9　光子能量大于半导体的带隙

3.2　光电转化的基本原理

3.2.1　光生载流子的产生

半导体中的光吸收主要包括本征吸收、激子吸收、晶格振动吸收、杂质吸收及自由载流子吸收。当入射光能量大于半导体材料禁带宽度时，价带中电子便会被入射光激发，越过禁带跃迁至导带而在价带中留下空穴形成电子-空穴对。这种由于电子在价带和导带的跃迁所形成的吸收过程称为本征吸收。大量实验证明这种价带电子跃迁的本征吸收是半导体中最重要的吸收。电池吸收光子产生的电子-空穴对被称为光生载流子。在许多光伏应用中，由于掺杂，光生载流子的数量比太阳电池中已经存在的多数载流子的数量少几个数量级。因此，光照下半导体中的多数载流子的数量不会显著改变。但是，少数载流子的数量则相反。光生少数载流子的数量超过了掺杂太阳电池中存在的少数载流子的数量（因为掺杂少数载流子的浓度非常小），因此可以使太阳电池中的少数载流子的数量用光生载流子的数量来近似。

　　吸收系数是朗伯-比尔定律（Lambert-Beer law）中的一个常数，用 α 表示，被称为介质对该单色光的吸收系数。光在介质中传播时，光的强度随传播距离（穿透深度）而衰减的现象称为光的吸收。吸收系数决定了特定波长的光在被吸收之前可以穿透多远。在具有低吸收系数的材料中，光吸收很少，如果材料足够薄，它将对该波长透明。吸收系数取决于材料本身以及被吸收的光的波长。半导体材料的吸收曲线有个陡峭的吸收边，这是因为能量低于带隙的光没有足够的能量将电子从价带激发到导带中。几种半导体材料的吸收系数曲线如图 3-10 所示。

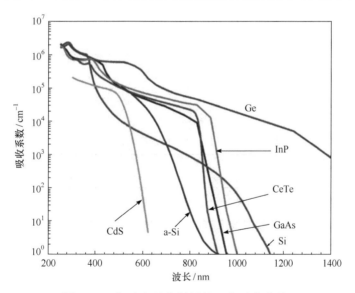

图 3-10　各种半导体材料的吸收系数曲线

　　吸收系数与波长之间的关系使得半导体材料在吸收大部分光之前，不同的波长会穿透不同的距离进入半导体。吸收深度由吸收系数的倒数 α^{-1} 给出。吸收深度是一个有用的参数，它给出了进入材料的距离，在该距离处，光下降到其原始强度的 1/e。由于如蓝光之类的高能量光（短波长）具有较大的吸收系数，因此它会在表面的短距离（对于几微米范围内的硅太阳电池而言）被吸收，而红光（能量较低，波长更长）吸收较弱，即使在几百微米之后，仍有部分红光透射出半导体材料。

　　产生速率给出了由于光子的吸收而在器件中每个点产生的电子数。载流子产生速率是太阳电池运行中的重要参数。单位体积内电子-空穴对的产生速率(G)可以用下式计算：

$$G = \alpha N_0 e^{-\alpha x} \tag{3-2}$$

其中，N_0 是每秒通过单位面积的光子数量；α 是吸收系数；x 是到表面的距离。对于光伏应用，入射光由许多不同波长的光组成，因此每种波长下载流子的产生速率都不同。

3.2.2　载流子复合与输运

　　载流子复合是与产生相反的过程。当撤掉光照后，光生载流子会慢慢消失，系统回到平衡状态。电子与空穴复合，会释放能量，产生热或光。材料的少数载流子寿命，用 τ_n 或 τ_p 表示，是电子、空穴从产生到复合消失的平均存在时间。类似地，与复合率相关的第二个参数，即"少数载流子扩散长度"，是载流子从产生到复合可移动的平均距离。扩散长度与收集概率密切相关。扩散长度与载流子寿命的关系如下：

$$L = \sqrt{D\tau} \tag{3-3}$$

其中，L 是扩散长度；D 是扩散系数；τ 是少数载流子寿命。

　　少数载流子寿命和扩散长度在很大程度上取决于半导体中复合几率的大小。对于许多类型的硅太阳电池，SRH(Shockley-Read-Hall)复合即间接复合是主要的复合机制。复合率将取决于材料中存在的缺陷数量。掺杂会在半导体材料中引入缺陷因而也将增加 SRH 复合的速率。另外，重掺杂会显著增强俄歇复合。在半导体中，电子与空穴复合时，将能量或者动量通过碰撞转移给另一个电子或者另一个空穴，造成该电子或者空穴跃迁的复合过程称为俄歇复合。因此随着杂质浓度的增加，复合过程本身也得到了增强。

　　对于晶体硅而言，少数载流子寿命可以高达 1 ms。对于单晶硅太阳电池，扩散长度通常为 100~300 µm。这两个参数表明了材料质量和太阳电池的适用性。

　　还有一种重要的复合是表面复合，半导体表面的任何缺陷或杂质都会促进复合。由于太阳电池表面的晶格破坏严重，因此电池表面是复合发生率特别高的位置。表面复合的强弱通常用表面复合速率来表征，这就是说，表面复合就相当于载流子以一定的速度流出了表面。表面复合速率的单位是 cm/s。

　　表面附近的高复合率耗尽了少数载流子。低载流子浓度的局部区域会导致载流子从周围的较高浓度区域流入。在没有复合的表面中，载流子向该表面的运动为零，因此表面复合率为零。在具有无限快速复合的表面中，载流子向该表面的移动受到它们可达到的最大速度的限制，对于大多数半导体而言，约为 1×10^7 cm/s。

3.2.3　p-n 结

当光在半导体内被吸收时，会产生一对载流子，即每个吸收的光子产生一个电子-空穴对。为了产生电流，必须将电子和空穴分开。否则，电子和空穴将简单地复合，加热半导体。在 p-n 结内，载流子会产生两种运动，一种是扩散运动，另一种是漂移运动。

扩散运动：由于某些外部条件而使半导体内部的载流子存在浓度梯度的时候，将产生扩散运动，即载流子由浓度高的位置向浓度低的位置运动。

漂移运动：太阳电池中，电场可以将电子和空穴分开。在电场的作用下，电子的电荷为负，将沿与电场方向相反的方向行进运动，而电荷为正的空穴将沿电场方向运动。这种现象称为漂移运动。

一块半导体晶体一侧掺杂成 p 型半导体，另一侧掺杂成 n 型半导体，二者相连的交界面处形成 p-n 结。p 型、n 型半导体由于分别含有较高浓度的空穴和自由电子，存在浓度梯度，所以二者之间将产生扩散运动，即自由电子由 n 型半导体向 p 型半导体的方向扩散，空穴由 p 型半导体向 n 型半导体的方向扩散。对于 n 区，多数载流子电子扩散到 p 区后，和 p 区的多数载流子空穴复合而消失，留下了正电荷在 n 区，形成正电荷区。类似地，p 区的多数载流子空穴扩散到 n 区后与 n 区的自由电子复合而耗尽，留下了负电荷在 p 区，形成负电荷区。在 p-n 结界面附近形成的正负电荷区称为空间电荷区（space charge region），也称为耗尽区，如图 3-11 所示，空间电荷区两边为准中性区。

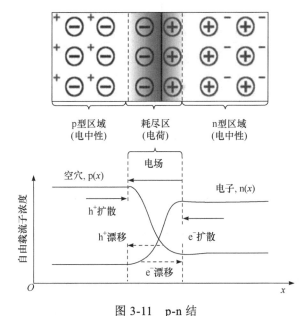

图 3-11　p-n 结

　　载流子经过扩散的过程后，空间电荷区存在的正负电荷区形成了一个从 n 型半导体指向 p 型半导体的电场，称为"内建电场"。在没有外加电压的情况下，内建电场的电势差称为内建电势差 V_{bi}。在内建电场力的作用下，载流子受到与扩散方向相反的力，产生漂移运动，且内建电场阻碍载流子的扩散运动。随着载流子扩散的进行，空间电荷量不断增加，空间电荷区不断扩大，内建电场力也不断增大，从而载流子的漂移运动也逐渐增强，在没有外电场的情况下，最终载流子的扩散和漂移达到动态平衡，此时空间电荷区不再继续扩大，空间电荷量一定，p-n 结处于热平衡状态，称为平衡 p-n 结。

　　p-n 结在正向偏压下，即 p 区接正极，n 区接负极，由于外加电压的电场方向和 p-n 结内电场方向相反，在外电场的作用下，内电场将会被削弱，使得阻挡层变窄，扩散运动因此增强。这样多数载流子将在外电场力的驱动下源源不断地通过 p-n 结，形成较大的扩散电流，称为正向电流。

　　如果 p-n 结加反向电压，此时，由于外加电场的方向与内电场一致，增强了内电场，多数载流子扩散运动减弱，没有正向电流通过 p-n 结，只有少数载流子的漂移运动形成了反向电流。由于少数载流子为数很少，故反向电流是很微弱的。因此，p-n 结在反向电压下，其电阻是很大的。

　　p-n 结是一种具有内部电场的最简单的半导体结构，其两端各引出一个电极，就形成了半导体二极管，它是绝大部分太阳电池的核心。

　　理想的二极管电流电压特性如下：

$$I = I_0 \left(e^{\frac{qV}{kT}} - 1 \right) \tag{3-4}$$

其中，I 是流过二极管的净电流；I_0 是"暗饱和电流"，即在没有光的情况下二极管的漏电流密度；V 是二极管两端施加的电压；q 是电子电荷的绝对值；k 是玻尔兹曼常数；T 是温度，K。

　　需要注意的是，"暗饱和电流"（I_0）是一个非常重要的参数，品质越好的半导体材料 I_0 越小，即复合严重的二极管 I_0 也较大。

　　对于实际的二极管，其电流电压特性方程变为

$$I = I_0 \left(e^{\frac{qV}{nkT}} - 1 \right) \tag{3-5}$$

其中，n 是理想因子，在 1～2 变动并随着电流的减小而增加。

3.3　太阳电池特性

3.3.1　光生电流

　　太阳电池中产生的电流称为"光生电流"，涉及两个关键过程。第一个过程

是吸收入射光子产生电子-空穴对。只要入射光子的能量大于带隙的能量，就会在太阳电池中产生电子-空穴对。但是，电子(在 p 型材料中)和空穴(在 n 型材料中)是亚稳态的，平均而言，它们在复合之前仅存在与少数载流子寿命相等的时间。采用 p-n 结构产生的内建电场，可以在空间上将电子和空穴分开，从而阻止其复合。如果载流子复合，则光产生的电子-空穴对丢失，不会产生电流。第二个过程是通过 p-n 结收集这些载流子，通过使用 p-n 结在空间上将电子与空穴分开，可以防止这种复合。如果光产生的少数载流子到达 p-n 结边缘，则会被结处的电场扫过该结成为多数载流子。如果太阳电池的发射极和基极连接在一起(即如果太阳电池短路)，则光生载流子流过外部电路。

3.3.2　收集概率

收集概率描述了电池特定区域吸收光产生的载流子被 p-n 结收集并因此产生电流的概率。它取决于光生载流子到结区的距离和扩散长度，同时也和电池的表面特性密切相关。理想情况下，结区的电子-空穴对可以被全部收集，因而其收集概率为 1。载流子的生成位置离结区越远被收集的概率越低。如果载流子生成位置到结区距离超过扩散长度，则该载流子被收集的概率非常低。类似地，由于表面的复合速率较高，靠近表面附近生成的载流子可能在到达结区之前已经复合。表面钝化和扩散长度对收集概率的影响如图 3-12 所示。

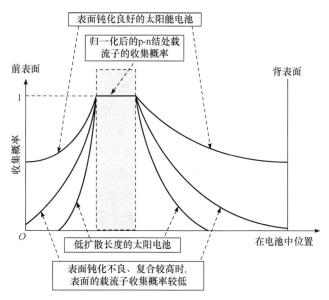

图 3-12　表面钝化和扩散长度对收集概率的影响

3.3.3　量子效率

量子效率（quantum efficiency，QE）是由太阳电池收集的载流子数量与入射到太阳电池上的给定能量的光子数量之比。量子效率可以作为波长或能量的函数。如果某个波长的所有光子都被吸收，并且其所产生的少数载流子都能被收集，则这个特定波长的所有光子的量子效率都是相同的。能量低于带隙的光子的量子效率为零。理想太阳电池的量子效率曲线如图 3-13 所示。

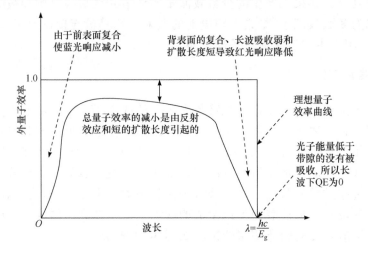

图 3-13　理想太阳电池的量子效率示意图

虽然理想的量子效率曲线应该为正方形，但是由于复合效应，大多数太阳电池的量子效率降低了。影响量子效率的机制和影响收集概率的机制一样。例如，前表面钝化会影响在表面附近生成的载流子，并且由于蓝光在非常靠近表面处即被吸收，因此高前表面复合会影响蓝光部分量子效率。类似地，绿光能在太阳电池的体内被吸收，但电磁内过短扩散长度将影响收集概率，降低光谱的绿色部分的量子效率。可以将量子效率看作是由于单个波长的生成曲线而产生的收集概率，该波长在电池厚度上积分并归一化为入射光子数。

硅太阳电池的外量子效率的影响因素包括光损耗的影响，如反射和透射。但是，有时去掉反射和透射的影响后测试的量子效率更能反映电池内部的物理机制。内量子效率是指未被反射或透射出电池的光子可以产生并收集的载流子的效率。通过测量电池的反射和透射，可以校正外量子效率曲线以获得内量子效率曲线。

3.3.4　光谱响应

光谱响应（spectral response，SR）在概念上类似于量子效率。量子效率给出了太阳电池输出的光生电子数量与入射到电池上的光子数量之比，而光谱响应是太阳电池产生的电流与入射到太阳电池上的功率之比。光谱响应曲线如图 3-14 所示。

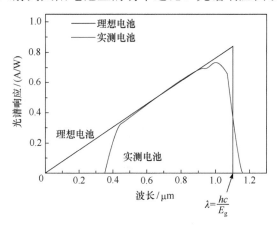

图 3-14　光谱响应曲线示意图

　　理想的光谱响应，长波光子能量由于低于半导体带隙，不被半导体吸收。该波长极限与量子效率曲线中遇到的极限相同。但是，与量子效率曲线的矩形不同，光谱响应在短波部分会有所降低。在这些波长下，每个光子具有较大的能量，但是不会产生更多的电子-空穴对，因此光子与功率的比例降低。在由单个 p-n 结组成的太阳电池中，不能充分利用高能量的入射光子，高于带隙的多余能量不会被太阳电池利用，而是会加热太阳电池。

　　光谱响应和量子效率是太阳电池分析中的常用参数。光谱响应使用的是每个波长的光的功率，而量子效率使用光子通量。通过以下公式将 QE 转换为 SR：

$$\text{SR} = \frac{q\lambda}{hc}\text{QE}\sqrt{b^2 - 4ac} \tag{3-6}$$

其中，q 是电子电荷；λ 是光子波长；h 是普朗克常数；c 是真空中光速。

3.4　光生伏打效应

　　通过 p-n 结收集的光生载流子导致电子向结的 n 型侧移动，空穴向结的 p 型侧移动。在开路条件下，载流子无法离开太阳电池，光生载流子的收集将导致 p-n 结 n 型一侧电子数量增加，p 型一侧的空穴数量增加。这种电荷的分离在结处产生了一个与内建电场方向相反的电场，从而减小了净电场。净电场的减小会增加扩散电流，在达到新的平衡时，p-n 结两端会存在电压，光生电流会被扩散电流完全平衡，电池的净电流为零。在短路条件下，电荷不会累积，载流子以光生电流的形式离开电池。图 3-15 展示了在 p-n 结区域电子与空穴的理想短路情况下的流动示意图；图 3-16 为电子-空穴对复合的路径及未复合的载流子收集路径示意图。

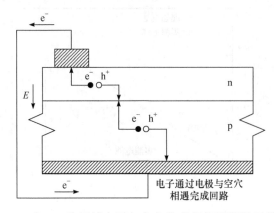

图 3-15　在 p-n 结区域电子与空穴的理想短路情况下的流动

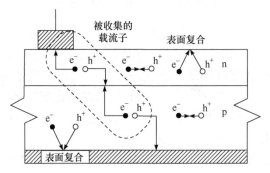

图 3-16　电子-空穴对复合的路径及未复合的载流子收集路径

3.5　太阳电池主要参数

3.5.1　伏安特性曲线

太阳电池的 $I\text{-}V$ 曲线是在黑暗中太阳电池二极管的 $I\text{-}V$ 曲线与光产生的电流的叠加。光具有将 $I\text{-}V$ 曲线向下移至第四象限的作用。照亮电池会增加二极管中的正常"暗"电流，从而使二极管 $I\text{-}V$ 特性式（3-5）变为

$$I = I_0 \left(\mathrm{e}^{\frac{qV}{nkT}} - 1 \right) - I_{\mathrm{L}} \tag{3-7}$$

其中，I_{L} 是光生电流。

除电压低于 100 mV 以外，指数项通常为远大于 1。此外，在光照下，光生电

流 I_L 也远大于 I_0。将光生电流的方向定义为正，此公式变为

$$I = I_L - I_0 \mathrm{e}^{\frac{qV}{nkt}} \tag{3-8}$$

绘制上述方程式可得出图 3-17 的 I-V 曲线。功率曲线的最大值表示为 P_{MP}，对应于太阳电池的最大输出功率。在 V_{MP} 电压和 I_{MP} 电流下，它也可表示为 P_{MAX} 或最大功率点（maximum power point，MPP）。

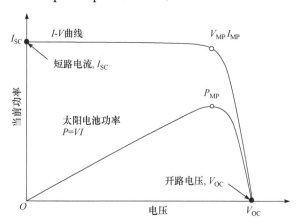

图 3-17　I-V 曲线示意图

转换上面公式的形式可以得到电流形式的电压：

$$V = \frac{nkT}{q} \ln\left(\frac{I_L - I}{I_0}\right) \tag{3-9}$$

其中，当 $I > I_L$ 时，括号里的数字为负且未被定义。那么现实中会发生什么呢？太阳电池进入反向偏置（负电压），并且太阳电池中的非理想情况会限制电压，或者电源会限制电压。无论哪种情况，太阳电池都会消耗功率。如果电源没有限制，则接近理想状态的太阳电池（反向偏置电压很高）将几乎立即被破坏。

3.5.2　短路电流

短路电流是当太阳电池两端的电压为零（即当太阳电池短路）时通过太阳电池的电流。短路电流通常写为 I_{SC}。

短路电流归因于光生载流子的产生和收集。对于一个理想的（电阻损失很低的）太阳电池而言，短路电流和光生电流相同。因此，短路电流是能从太阳电池中获得的最大电流。

短路电流取决于许多因素，如下所述。

（1）太阳电池的面积。为了消除对太阳电池面积的依赖性，更常见的是列出

短路电流密度(J_{SC}，mA/cm²)，而不是列出短路电流。

(2) 光子数(即入射光源的功率)。太阳电池的 I_{SC} 直接取决于入射光强度。

(3) 入射光的光谱。对于大多数太阳电池测量，该频谱被标准化为 AM1.5 频谱。

(4) 太阳电池的光学特性(吸收和反射)(在 4.2 节光学设计中讨论)。

(5) 太阳电池的收集概率。主要取决于表面钝化和基底中少数载流子的寿命。

比较相同材料类型的太阳电池时，最关键的材料参数是扩散长度和表面钝化。在表面完美钝化和光生载流子均匀产生的电池中，短路电流密度的方程可近似为

$$J_{SC} = qG(L_n + L_p) \tag{3-10}$$

其中，G 是光生载流子产生速率；L_n 和 L_p 分别是电子和空穴的扩散长度。尽管该方程式做出了一些假设，这些假设对于大多数太阳电池所遇到的条件而言并不准确，但上述方程式仍然表明短路电流在很大程度上取决于产生速率和扩散长度。

短路电流 I_{SC} 是短路电流密度 J_{SC} 乘以电池面积。I_L 是太阳电池内部产生的光电流。在短路条件下，外部测量的电流为 I_{SC}。由于 I_{SC} 通常等于 I_L，因此两者可以互换使用，简单起见，太阳电池方程式用 I_{SC} 代替 I_L 编写。在非常高的串联电阻($>10\Omega \cdot \text{cm}^2$)的情况下，$I_{SC}$ 小于 I_L，用 I_{SC} 编写太阳电池方程式是不正确的。还有一个假设是光电流 I_L 仅取决于入射光，并且独立于电池两端的电压。但是，在漂移场太阳电池的情况下，I_L 随电压变化，并且载流子寿命是注入水平的函数。

3.5.3 开路电压

开路电压 V_{OC} 是太阳电池可提供的最大电压，发生在零电流下。由于太阳电池结与光生电流的偏置，开路电压对应于太阳电池上的正向偏置量。

通过将太阳电池方程式中的净电流设置为零，可以得到 V_{OC} 方程式：

$$V_{OC} = \frac{nkT}{q} \ln\left(\frac{I_L}{I_0} + 1\right) \tag{3-11}$$

上述方程显示 V_{OC} 随着温度线性上升。但是，情况并非如此，主要是由于固有载流子浓度 n_i 的变化，饱和电流 I_0 随着温度迅速增加。温度的影响是复杂的，并且会随着电池技术而变化。

上式表明，V_{OC} 取决于太阳电池的饱和电流及光生电流。通常，I_{SC} 的变化很小，但关键的影响是饱和电流，因为饱和电流可能会变化几个数量级。饱和电流 I_0 取决于太阳电池中的复合。在 AM1.5 光照条件下，采用高质量单晶材料的硅太

阳电池的开路电压高达 764 mV，而采用多晶硅制成的太阳电池，其开路电压通常约为 600 mV。

3.5.4　填充因子

短路电流和开路电压分别是来自太阳电池的最大电流和电压。但是，在这两个工作点上，来自太阳电池的功率均为零。填充因子(filling factor)通常以其缩写 FF 来表示，是一个参数，与 V_{OC} 和 I_{SC} 一起确定了太阳电池的最大功率。FF 定义为太阳电池的最大功率与 V_{OC} 和 I_{SC} 乘积之比，从而：

$$FF = \frac{P_{MAX}}{V_{OC} \cdot I_{SC}} = \frac{V_{MP} \cdot I_{MP}}{V_{OC} \cdot I_{SC}} \tag{3-12}$$

在图形上，FF 是太阳电池"矩形度"的量度。FF 如图 3-18 所示。

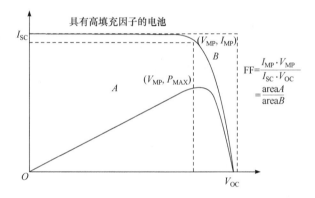

图 3-18　$I\text{-}V$ 曲线中的 FF 示意图

由于 FF 是 $I\text{-}V$ 曲线"矩形度"的量度，因此具有较高电压的太阳电池具有较大的 FF，因为 $I\text{-}V$ 曲线的"圆形"部分所占的面积较小。太阳电池的最大理论 FF 可以通过将太阳电池的功率相对于电压进行微分并确定其等于零来确定。因此：

$$\frac{\mathrm{d}(IV)}{\mathrm{d}V} = 0 \tag{3-13}$$

得到

$$V_{MP} = V_{OC} - \frac{nkT}{q}\ln\left(\frac{qV_{MP}}{nkT} + 1\right) \tag{3-14}$$

式 (3-14) 是一个隐式方程，但是随着迭代的进行迅速收敛。通过以 $V_{MP} = 0.9 \times V_{OC}$ 作为初始条件，一轮迭代后误差<1%，三轮迭代后误差可忽略不计（<0.01%）。一种替代方法是使用 Lambert 函数[式(3-12)]，将 V_{MP} 的值代入式 (3-5)，得到 I_{MP} 和 FF。FF 常用的经验表达式是

$$FF = \frac{V_{OC} - \ln(V_{OC} + 0.72)}{V_{OC} + 1} \tag{3-15}$$

其中，V_{OC} 定义为归一化的 V_{OC}：

$$V_{OC} = \frac{q}{nkT} V_{OC} \tag{3-16}$$

上面的等式表明，较高的开路电压将具有较高的可能 FF。这也证明了理想因子的重要性，也就是太阳电池的"n 因子"。理想因子是 p-n 结质量和太阳电池复合类型的量度。对于复合类型中讨论的简单复合机制，n 因子的值为 1。但是，某些复合机制(尤其是复合较大时)可能会引入 2 的复合机制。高 n 值会降低 FF，但由于通常也会发出高复合信号，因此开路电压较低。

3.5.5　太阳电池效率

电池效率(η)定义为太阳电池输出的能量与太阳输入的能量之比。除了反映太阳电池本身的性能外，电池效率还取决于入射太阳光的光谱和强度以及太阳电池的温度。因此，必须仔细控制测量效率的条件，以便将一个电池的性能与另一个电池的性能进行比较。地面太阳电池是在 AM1.5 条件下和 25℃ 的温度下测量的。用于太空环境的太阳电池是在 AM0 条件下测量的。

$$\eta = \frac{V_{OC} I_{SC} FF}{P_{in}} \tag{3-17}$$

其中，FF 是填充因子；V_{OC} 是开路电压；I_{SC} 是短路电流；P_{in} 是入射光功率。

理想 p-n 结光伏器件的最大能量转化效率可以由细致平衡模型计算。该方法最初由 Shockley 和 Queisser 在 1961 年提出，因此也称为 SQ 效率极限。图 3-19 展示了各种电池的 Shockley-Queisser 效率极限。

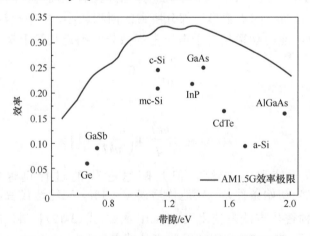

图 3-19　各种电池的 Shockley-Queisser 效率极限

细致平衡模型是基于以下假设进行计算的：

（1）半导体仅吸收能量大于或等于带隙的光子（尖锐阈值）。

（2）载流子的迁移率无限大，因而所有的载流子都可以扩散到结区被收集。

（3）吸收的光子产生且只产生一对电子-空穴对。

（4）半导体相当于黑体发射器，由此发射的光子通量取决于在太阳电池端子处收集电子和空穴时的能量。

（5）半导体中的所有复合都是辐射复合（即没有俄歇复合，也没有 SRH 复合）。

细致平衡是计算光伏器件对光子的吸收通量和辐射出的光子的通量。两者之差（乘以 q）是来自太阳电池的电流，即

$$\Phi_{\text{sun}} - \Phi_{\text{cell}} = \frac{J_{\text{cell}}}{q} \tag{3-18}$$

注意，太阳电池发出的光子通量是从太阳电池上去除电子-空穴对（e-h）时的电压的函数。

式（3-18）中光子通量可由普朗克黑体辐射定律计算。太阳可以被认为是温度为 T_{s} 的黑体，其发出的能量为 E 的光子通量为

$$n_{\text{sun}}(T_{\text{s}},E) = \frac{2\pi}{c^2 h^3} \cdot \frac{E^2}{\mathrm{e}^{\frac{E}{kT_{\text{s}}}}-1} \tag{3-19}$$

鉴于只有能量大于带隙的光子可以被吸收，被吸收的总光子通量是 $n_{\text{sun}}(T_{\text{s}},E)$ 在 E_{g} 到正无穷的积分：

$$\Phi_{\text{sun}} = \int_{E_{\text{g}}}^{\infty} n_{\text{sun}}(T_{\text{s}},E) \cdot \mathrm{d}E = \int_{E_{\text{g}}}^{\infty} \frac{2\pi}{c^2 h^3} \cdot \frac{E^2}{\mathrm{e}^{\frac{E}{kT_{\text{s}}}}-1} \cdot \mathrm{d}E \tag{3-20}$$

太阳黑体温度为 $T_{\text{s}} = 5780$ K。

太阳电池的辐射也由普朗克黑体辐射定律决定，太阳电池的温度低于太阳，从而：

$$\Phi_{\text{cell}} = \int_{E_{\text{g}}}^{\infty} n_{\text{cell}}(T_{\text{c}},E) \cdot \mathrm{d}E = \int_{E_{\text{g}}}^{\infty} \frac{2\pi}{c^2 h^3} \cdot \frac{E^2}{\mathrm{e}^{\frac{E}{kT_{\text{c}}}}-1} \cdot \mathrm{d}E \tag{3-21}$$

太阳电池的黑体温度通常为 $T_{\text{c}} = 300$ K。

对于半导体而言，电子和空穴能的平均差为 $\mu = qV_{\text{cell}}$（其中 μ 是 e 和 h 的电化学势之差）。因此，总发射光子通量取决于 T 和 μ。

输出功率密度为 $V_{\text{cell}} \times J_{\text{cell}}$，因此：

$$P_{\text{out}} = qV_{\text{cell}}(\Phi_{\text{sun}} - \Phi_{\text{cell}}) \tag{3-22}$$

其中，$qV_{cell} = \mu$是从太阳电池中提取的电荷载流子的平均能量，而Φ_{sun}和Φ_{cell}是上文给出的光子通量。

最后，效率是P_{out}/P_{in}，其中P_{in}是从太阳接收的功率。

对于单色光，功率是每秒光子数乘以每个光子能量：

$$P_{in}(E) = n_{sun}(T, E) \cdot E \tag{3-23}$$

来自太阳的总功率是在整个光谱上的积分：

$$P_{in} = \int_0^\infty n_{sun}(T, E) \cdot E \cdot dE \tag{3-24}$$

因此细致平衡模型计算下的效率为

$$\eta = \frac{P_{out}}{P_{in}} = \frac{qV_{cell}(\Phi_{sun} - \Phi_{cell})}{\displaystyle\int_0^\infty n_{sun}(T, E) \cdot E \cdot dE} \tag{3-25}$$

J_{SC}的值由下式给出：

$$J_{SC} = q(\Phi_{sun} - \Phi_{cell}) \tag{3-26}$$

当$J = 0$或$\Phi_{sun} = \Phi_{cell}$时可以得到V_{OC}。

3.6 电 阻 效 应

太阳电池的特征电阻是电池在其最大功率点的输出电阻。如果太阳电池外接负载的电阻大小等于电池本身的输出电阻，那么电池输出的功率达到最大，即工作在最大输出功率点。它是太阳电池分析中的有用参数，尤其是在检查寄生损耗机制的影响时。特征电阻如图 3-20 所示。

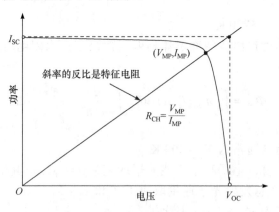

图 3-20 *I-V* 曲线中电阻示意图

太阳电池的特征电阻是直线斜率的倒数，即 V_{MP} 除以 I_{MP}。对于大多数电池，R_{CH} 可以近似为 V_{OC} 除以 I_{SC}：

$$R_{CH} = \frac{V_{MP}}{I_{MP}} \approx \frac{V_{OC}}{I_{SC}} \tag{3-27}$$

当使用 I_{MP} 或 I_{SC} 时，R_{CH} 的单位是 Ω，这在模块或整个单元区域中是典型的。当使用电流密度（J_{MP} 或 J_{SC}）时，R_{CH} 的单位为 $\Omega \cdot cm^2$。

只要功率损耗合理（<20%），特征电阻还可以在分数功率损耗和串联电阻（以 Ω 或 $\Omega \cdot cm^2$ 为单位）之间进行转换。

$$R_{series} = f \times R_{CH} \tag{3-28}$$

其中，f 是从 0 到 1 的分数功率损耗；R_{series} 与 R_{CH} 的单位相同，为 Ω 或 $\Omega \cdot cm^2$。

例如，一块太阳电池的 $R_{series} = 1\ \Omega \cdot cm^2$，$V_{MP} = 0.650\ V$，$J_{MP} = 36\ A/cm^2$。所得的 $R_{CH} = 18\ \Omega \cdot cm^2$，分数功率损耗为 1/18 = 5.6%。

3.6.1　寄生电阻的影响

太阳电池中的电阻效应以在电阻上消耗能量的形式降低了太阳电池的效率。最常见的寄生电阻是串联电阻和并联电阻。图 3-21 显示了太阳电池模型中的串联电阻和分流电阻。

在大多数情况下，对于分流电阻和串联电阻的典型值，寄生电阻的主要影响是减小填充因子。串联电阻和分流电阻的大小和影响都取决于太阳电池在工作点处的几何形状。由于电阻值取决于太阳电池的面积，因此在比较可能具有不同面积的太阳电池的串联电阻时，电阻的通用单位为 $\Omega \cdot cm^2$。该面积归一化的电阻是由欧姆定律中的电流密度代替电流引起的，如下所示：

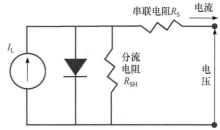

图 3-21　太阳电池模型中串联和分流电阻

$$R'\left(\Omega \cdot cm^2\right) = \frac{V}{J} \tag{3-29}$$

3.6.2　串联电阻的影响

太阳电池的串联电阻有三个来源：首先，电流流过太阳电池的发射极和基极；其次，金属触点与硅之间的接触电阻；最后是顶部和背面金属触点的电阻。尽管过高的串联电阻可能会减小短路电流，但串联电阻的主要影响是降低了填充因子。图 3-22 显示了太阳电池的串联电阻示意图。

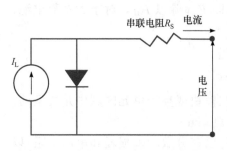

图 3-22　太阳电池的串联电阻示意图

$$I = I_\text{L} - I_0 \exp\left[\frac{q(V + IR_\text{S})}{nkT}\right] \quad (3\text{-}30)$$

其中，I 是电池的输出电流；I_L 是光产生的电流；V 是电池两端的电压；T 是温度；q 和 k 是常数；n 是理想因子；R_S 是电池串联电阻。该公式是隐式函数的一个示例，这是由于方程两边都出现了电流 I，并且需要数值方法来求解。

串联电阻在开路电压下不会影响太阳电池，因为总电流流过太阳电池，因此流过串联电阻的电流为零。但是，在开路电压附近，I-V 曲线受串联电阻的影响很大。估算太阳电池串联电阻的一种简单方法是找到开路电压点的 I-V 曲线的斜率。

3.6.3　分流电阻的影响

分流电阻是由 p-n 结的非理想性和结附近的杂质造成的，它引起结的局部短路，尤其是在电池边缘。由于存在分流电阻 R_SH 而导致的大量功率损耗通常是由制造缺陷而不是太阳电池设计不良而引起的。这种光生电流转移减少了流过太阳电池的电流并降低了来自太阳电池的电压。在弱光条件下，分流电阻的影响尤为严重，因为此时电池的电流很小，因此电流流向分流器的影响更大。通过测量伏安曲线在接近短路电流处的斜率可以估算出电池内分流电阻的值。图 3-23 显示了太阳电池的分流电阻示意图。

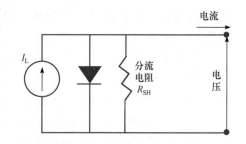

图 3-23　太阳电池的分流电阻示意图

存在分流电阻的太阳电池：

$$I = I_\text{L} - I_0 \exp\left(\frac{qV}{nkT}\right) - \frac{V}{R_\text{SH}} \quad (3\text{-}31)$$

其中，I 是电池的输出电流；I_L 是光生电流；V 是电池两端的电压；T 是温度；q 和 k 是常数；n 是理想因子；R_SH 是电池分流电阻。

串联电阻和并联电阻的影响：

$$I = I_\text{L} - I_0 \exp\left[\frac{q(V + IR_\text{S})}{nkT}\right] - \frac{V + IR_\text{S}}{R_\text{SH}} \quad (3\text{-}32)$$

第4章　晶硅太阳电池设计

太阳电池设计涉及指定太阳电池结构的参数，以便在一定约束情况下效率最大化。

4.1　太阳电池总体设计

太阳电池的设计包括明确电池结构的参数以使转换效率达到最大，以及设置一定的限制条件，这些限制条件由太阳电池所处的制造环境所决定。例如，如果用于商业，即以生产最具价格优势的电池为目标，则需要着重考虑制造电池的成本问题。如果只是用于以获得高转换效率为目标的实验研究，则主要考虑的便是最高效率而不是成本。

4.1.1　电池设计基本要求

太阳电池发电的基本要求如图 4-1 所示，一是必须有光的照射，可以是太阳光、单色光或模拟光；二是光子注入到半导体后激发出电子-空穴对，此电子-空穴对必须有足够长的寿命，确保在分离前不会复合消失；三是必须有一个静电场，使电子、空穴分离；四是必须有电极分别收集电子和空穴，并将其输出到电池体外形成电流。为了使太阳电池发挥作用，必须有一种内在物理机制，即光电转换的三个物理过程：一是吸收光能激发出非平衡电子-空穴对(在空间上分离光吸收半导体中产生的光生电子和空穴)；二是非平衡电子-空穴从产生处向非均匀势场区运动(分别在负极和正极端子提取带有不同电荷的载流子)；三是非平衡电子-空穴在非均匀势场作用下向相反方向运动而分离(端子对载流子的选择性意味着载流子向太阳电池接触区

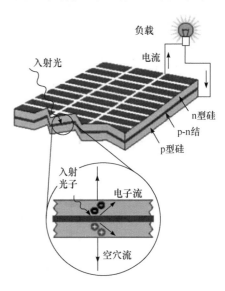

图 4-1　太阳电池发电的基本要求

的不对称内部流动)。如图 4-2 所示,半导体吸收光子产生自由电子和空穴,它们通过载流子选择区并流向正负极端子。多数载流子决定了接触电阻(ρ_c)和填充因子(FF),少数载流子决定了表面复合电流(J_{SC})和开路电压(V_{OC})。

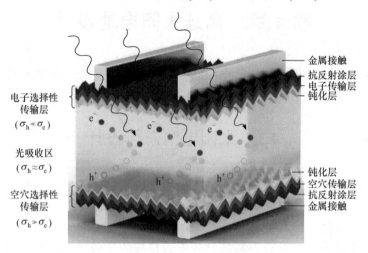

图 4-2　太阳电池工作原理图
半导体吸收光子产生自由电子和空穴,它们通过载流子选择区并流向正负极端子

　　图 4-3 为造成电池效率损失的五个途径:①能量小于电池吸收层禁带宽度(E_g)的光子会直接穿透出去,未能激发产生电子-空穴对,造成能量损失;②能量大于电池吸收层 E_g 的光子被吸收,产生的高能态电子-空穴落到导带底和价带顶,多余的能量以声子形式放出,致使能量的损失;③在 p-n 结内光生载流子的电荷分离和输运,产生损失;④金属电极与半导体材料接触处引起电压降损失;⑤材料缺陷等导致光生载流子输运过程中的复合损失。

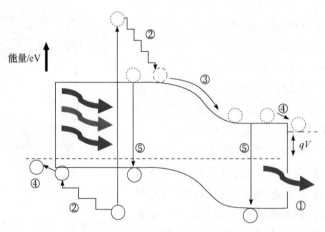

图 4-3　太阳电池中的能量损失途径

　　为了获得较高的电池效率，须改善如下两个损失：一是降低光学损失(包括降低①、②和③的损失)，有效措施包括降低前表面减反射膜的折射率、降低前表面绒面的反射率、提高背表面的反射率等技术；二是减少电学损失(包括降低③、④和⑤的损失)，需要从提升硅片质量、优化 p-n 结形成技术、引进新型钝化材料与技术(如隧穿氧化层钝化接触及氢化非晶硅技术等)、金属电极与硅接触技术等方面入手。载流子的选择性传输是太阳电池高效化的必然选择。方案一是在硅端面通过重掺杂(n^{++})形成局部电场，将空穴反向扫回晶体硅体内的同时加速电子向电极的传导，铝背场电池(aluminum-back surface field，Al-BSF)和 PERC 都属于这种类型，无法避免俄歇复合(与掺杂相关)、肖克莱-里德-霍尔(SRH)复合和自由载流子复合损失。方案二是利用低功函数金属(如 Ca、Mg 等)、介电层/金属复合电极(典型的如 LiF_x/Al)，或者介质材料内部不同极性的固定电荷来诱导形成界面局部电场，但这种电场强度较弱无法有效阻挡空穴，导致复合电流较高，因此该技术较少单独使用。方案三是通过选用能带结构匹配型功能材料，在界面直接形成对空穴的较高势垒和对电子的较小甚至零势垒，可以同步保证 J_0 和 ρ_c 最小化，形成最佳的电子选择性传输，如 TOPCon、HIT。

4.1.2　材料选择

　　太阳辐射的光谱，主要是以可见光为中心，其分布范围从 0.3 μm 的紫外光到数微米的红外光为主，若换算成光子的能量，则为 0.4～4 eV，当光子的能量小于半导体的能隙，则光子不被半导体吸收，此时半导体对光子而言是透明的。当光子的能量大于半导体的能隙，则相当于半导体能隙的能量将被半导体吸收，产生电子-空穴对，而其余的能量则以热的形式消耗掉。制作太阳电池的材料必须要仔细地选择，才能有效地产生电子-空穴对。一般来说，理想的太阳电池材料必须具备下列特性：

(1) 能隙为 1.1～1.7 eV；

(2) 直接能隙半导体；

(3) 组成的材料无毒性、可利用薄膜沉积的技术；

(4) 可大面积制造；

(5) 有良好的光电转换效率、长时期的稳定性。

　　硅的能隙为 1.12 eV，为间接能隙半导体，它对光的吸收性不好，所以硅在这方面并非最理想的材料，但是，硅是地球上蕴含含量第二丰富的元素，且硅本身无毒性，它的氧化物稳定又不具水溶性，目前太阳电池仍以硅为主要材料。

4.2 光 学 设 计

4.2.1 反射、折射与透射

光损耗主要通过减少短路电流来影响太阳电池的功率。理想情况下晶硅太阳电池可以吸收所有可见光(380 nm～780 nm)，但如果入射光在电池前表面发生反射，或者在太阳电池中没有被完全吸收(图 4-4)，从而会造成光损耗。

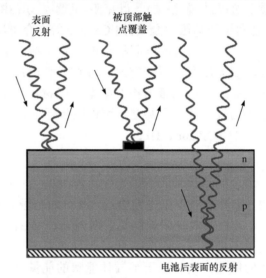

图 4-4 光在晶硅电池表面和体内的传播

4.2.2 正面减反射膜的设计

两种具有不同折射率的材料之间的反射率 R 取决于：

$$R = \left(\frac{n_0 - n_{Si}}{n_0 + n_{Si}} \right)^2 \tag{4-1}$$

其中，n_0 是周围环境的折射率；n_{Si} 是硅的复数折射率。对于未封装的电池，$n_0 = 1$。对于封装的电池，$n_0 = 1.5$。硅的折射率随波长变化。由于硅的高折射率，硅表面的反射超过 30%。通过制绒和在表面上施加抗反射涂层(anti-reflection coating, ARC)可以减少反射，如图 4-5 所示。

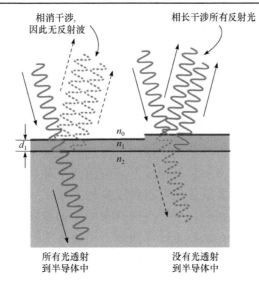

图 4-5 利用抗反射层减少晶硅表面光反射

通过选择抗反射涂层的厚度，使介电材料中的波长为入射波波长的 1/4，可以达到反射光之间干涉相消的效果。对于折射率为 n_1 的透明材料，四分之一波长减反射涂层以及入射到具有自由空间波长 λ_0 的涂层上的光，可以通过以下公式计算引起最小反射的厚度 d_1：

$$d_1 = \frac{\lambda_0}{4n_1} \tag{4-2}$$

如果抗反射涂层的折射率是任一侧材料的几何平均值，则反射将进一步最小化；即抗反射涂层折射率为相邻介质折射率(空气 n_0、半导体 n_2)的几何平均值，可以表示为

$$n_1 = \sqrt{n_0 n_2} \tag{4-3}$$

对于垂直入射下的反射率，定义了一系列参数：r_1、r_2 和 θ。周围区域的折射率为 n_0，ARC 的折射率为 n_1，厚度为 t_1，硅的折射率为 n_2。

$$r_1 = \frac{n_0 - n_1}{n_0 + n_1} \tag{4-4}$$

$$r_2 = \frac{n_1 - n_2}{n_1 + n_2} \tag{4-5}$$

$$\theta = \frac{2\pi n_1 t_1}{\lambda} \tag{4-6}$$

对于衬底上的单层 ARC，反射率是

$$R = \left| r^2 \right| = \frac{r_1^2 + r_2^2 + 2r_1 r_2 \cos 2\theta}{1 + r_1^2 r_2^2 + 2r_1 r_2 \cos 2\theta} \tag{4-7}$$

使用上面的公式可以将给定厚度、折射率和波长的反射降低到零，而折射率取决于波长，因此零反射仅在单个波长下发生。对于光伏应用，选择折射率和厚度是为了最大限度地减少 0.6 μm 波长的反射，这是因为该波长接近太阳光谱峰值功率对应的波长。

4.2.3　硅片表面陷光结构设计

与防反射涂层结合使用或单独使用的表面制绒也可用于使反射最小化。表面的任何"粗糙"都会通过增加反射光反射回表面而不是反射回周围空气的机会来减少反射。制绒或者说表面纹理化可以通过多种方式完成。对于单晶硅，可以通过沿着晶面对面进行刻蚀制绒。由于不同晶面的刻蚀速度不同，单晶硅表面会形成金字塔样的纹理。图 4-6 显示了硅表面金字塔结构的电子显微镜照片。这种类型的纹理化称为"随机金字塔"纹理，通常在工业上用于单晶硅。

还有一种表面制绒的方法称为"倒金字塔"纹理化处理。使用该纹理化方案，将金字塔向下刻蚀到硅表面，而不是从表面向上刻蚀。这种带纹理的表面的电子显微镜照片如图 4-7 所示。

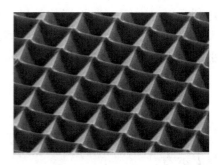

图 4-6　硅表面金字塔结构的电子显微镜照片　　图 4-7　硅表面"倒金字塔"的电子显微镜照片

对于多晶硅片，仅一小部分表面具有所需的<100>方向，因此这些技术在多晶硅片上效果较差。但是，可以使用光刻技术对多晶圆进行纹理化处理，也可以使用划片锯或激光机械雕刻前表面以将表面切割成合适的形状。光刻纹理化方案的电子显微镜照片如图 4-8 所示。

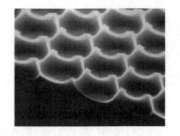

虽然减少反射是实现高效太阳电池的重要措施，但是良好的吸收光也是必不可少的。吸收的太阳光取决于光路长度和吸收系数。虽然增加厚度可以增加光路长度，但是最佳的电池厚度并不仅仅取决于能否吸收所有太阳光。例如，如果光在结的扩散长度内未被

图 4-8　多晶硅表面光刻纹理的电子显微镜照片

吸收，则光生载流子将重新复合。另外，由于复合引起的电压损失，较薄太阳电池可以具有较高电压。因此，最佳的太阳电池结构通常具有"光陷阱"结构，其中光路长度是实际电池厚度的几倍。光路长度是指未吸收的光子在离开电池之前在电池内传播的距离。例如，不具有光捕获特征的太阳电池的光路长度可以认为是 2 个电池厚度，而具有良好光捕获功能的太阳电池的光路长度可以为 50 个电池厚度，即光在电池中可以来回反射多次。

通常通过使光入射在倾斜表面上来改变光在太阳电池中传播的角度来实现光捕获。带纹理的表面不仅会减少如前所述的反射，而且还能使光斜着入射电池，从而提供比电池厚度更长的光程长度。根据折射定律，光被折射到半导体材料中的角度如下：

$$n_1 \sin \theta_1 = n_2 \sin \theta_2 \tag{4-8}$$

其中，θ_1 和 θ_2 是入射在界面上的光相对于折射率分别为 n_1 和 n_2 的介质内的界面法线平面的角度。

由折射定律公式变形，可以计算出光进入太阳电池的角度(折射光的角度)：

$$\theta_2 = \sin^{-1}\left(\frac{n_1}{n_2}\sin \theta_1\right) \tag{4-9}$$

在带纹理的单晶太阳电池中，晶体表面的存在使角度 θ_1 等于 36°，如图 4-9 所示。

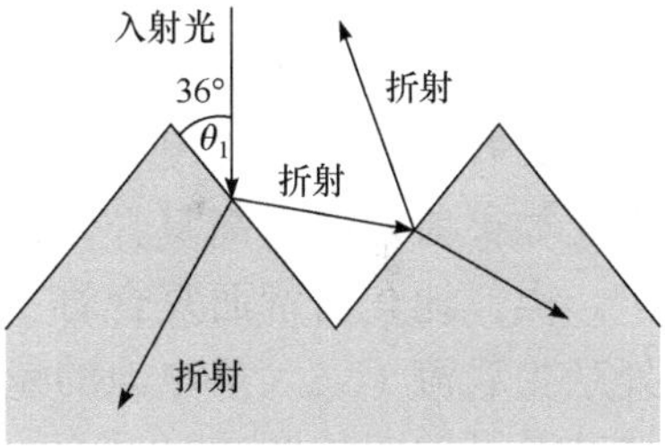

根据菲涅耳反射公式计算在界面处反射的光量。对于平行于表面的偏振光，反射光量为

$$R_{\parallel} = \frac{\tan^2(\theta_1 - \theta_2)}{\tan^2(\theta_1 + \theta_2)} \tag{4-10}$$

对于垂直于表面的偏振光，反射量为

$$R_{\perp} = \frac{\sin^2(\theta_1 - \theta_2)}{\sin^2(\theta_1 + \theta_2)} \tag{4-11}$$

图 4-9　织构化的单晶硅电池上光的反射和传播

对于非偏振光，反射量是两者的平均值：

$$R_{\mathrm{T}} = \frac{R_{\perp} + R_{\parallel}}{2} \tag{4-12}$$

如果光从高折射率介质传播到低折射率介质，则可能会发生全内反射(TIR)。发生这种情况的角度是临界角，可以通过将折射定律中的 θ_2 设置为 0 来找到。

$$\theta_1 = \sin^{-1}\left(\frac{\eta_2}{\eta_1}\right) \tag{4-13}$$

使用全内反射，光可以被捕获在电池内部并多次通过电池，因此即使是薄的太阳电池也可以保持较高的光程长度。

4.3　复　合　设　计

4.3.1　复合导致的电流损失

复合损耗会影响电流收集(并因此影响短路电流)以及正向偏置注入电流(并因此影响开路电压)。复合通常根据发生复合的电池区域进行分类。典型的，在表面的复合(表面复合)或在太阳电池内部的复合(体复合)是复合的主要区域。耗尽区是其中可能发生复合的另一区域(耗尽区复合)。

复合造成的电流损耗：为了使 p-n 结能够收集所有的光生载流子，必须最小化表面复合和体复合。在硅太阳电池中，这种电流收集通常需要满足两个条件：

(1) 载流子必须在结的扩散长度内产生，以便它能够在复合之前扩散到结；

(2) 在局部高复合位点的情况下(如在多晶硅电池中未钝化的表面或晶界处)，必须在靠近结合点而不是复合位点处生成载流子。对于不太严重的局部复合位点(如钝化表面)，可以在更靠近复合位点的位置生成载流子，同时仍然能够扩散到结合处并在不进行复合的情况下被收集。

硅太阳电池的前表面和背表面都存在局部复合位点，这意味着不同能量的光子将具有不同的收集概率。由于蓝光具有高吸收系数并且非常靠近前表面吸收，因此如果前表面是高复合位点，则蓝光不太可能生成可被 p-n 结收集的少数载流子。类似地，高背面复合将主要影响由红外光产生的载流子，其可以在电池的深处产生载流子。太阳电池的量子效率量化了复合对光产生电流的影响。硅太阳电池的量子效率如图 4-10 所示。

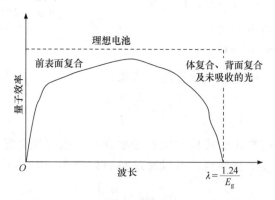

图 4-10　理想的和实际的晶硅电池的量子效率

4.3.2　复合造成的电压损失

开路电压是正向偏置扩散电流恰好等于短路电流的电压。正向偏置扩散电流取决于 p-n 结中的复合量,增加复合量会增加正向偏置扩散电流。因此,高复合会增加正向偏置扩散电流,进而降低开路电压。二极管饱和电流是表征正向偏置复合程度的重要参数。复合受 p-n 结边缘少数载流子的数量控制,即它们离开结的速度越快,复合的速度越快。因此,正向偏置暗电流(即开路电压)受以下参数影响。

(1) p-n 结边缘少数载流子的数量。从另一侧注入的少数载流子的数量就是平衡中的少数载流子的数量乘以取决于电压和温度的指数因子。因此,使平衡少数载流子浓度最小化可减少复合。通过增加掺杂可以使平衡载流子浓度最小。

(2) 材料中的扩散长度。低扩散长度意味着少数载流子由于复合而迅速从结边缘消失,从而允许更多载流子交叉并增加正向偏置电流。因此,为了最小化复合并获得高电压,需要高扩散长度。扩散长度取决于材料的类型、晶片的加工历史以及晶片中的掺杂。高掺杂降低了扩散长度,因此在保持高扩散长度(会影响电流和电压)与实现高电压之间进行权衡。

(3) 在结的扩散长度内存在局部复合源。靠近接合处(通常是表面或晶界)的高复合源将使载流子非常快地移动到该复合源并进行复合,从而显著增加复合电流。通过钝化表面可以减少表面复合的影响。

4.3.3　表面复合

表面复合可能对短路电流和开路电压都产生重大影响。前表面处的高复合率对短路电流具有特别有害的影响,因为前表面也对应于太阳电池中载流子的最高生成区域。降低前表面的复合通常是通过在前表面上使用“钝化”层来减少前表面上悬挂键的数量来实现的。由于界面处的缺陷状态低,大多数电子行业依靠使用热生长的二氧化硅层来钝化表面。对于商用太阳电池,通常使用介电层,如氮化硅。

由于用于硅太阳电池的钝化层通常是绝缘体,因此任何具有欧姆金属接触的区域都无法使用二氧化硅钝化。相反,在顶部接触区,可以通过增加掺杂来最小化表面复合的影响。尽管通常高的掺杂会严重降低扩散长度,但是接触区域不会参与载流子的产生,因此对载流子收集的影响并不重要。另外,在高复合表面靠近结的情况下,减少复合的选择是尽可能增加掺杂。

在后表面处采用类似的方法以最小化后表面复合速率对电压和电流的影响。背表面场(BSF)由在太阳电池的后表面处的较高掺杂区域组成。高掺杂区和低掺杂区之间的界面的行为类似于 p-n 结。界面处会形成电场,这会阻碍少数载流子流向后表面。因此,在整个电池中,少数载流子浓度保持在较高水平,并且背表面场具有钝化后表面的净效果。以上降低表面复合的技术手段如图 4-11 所示。

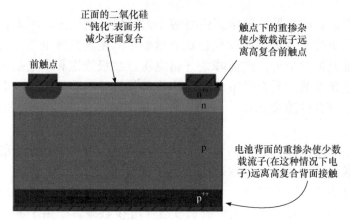

图 4-11　减少表面复合的技术手段

4.4　电　学　设　计

顶部触点的作用是将光传递到电池中，同时将电子转移出去。半导体(如硅)的导电性(电阻性)比金属低几个数量级，因此顶部栅线图案对于减小太阳电池的串联电阻至关重要。虽然有透明导体，如氧化铟锡，但它们的导电性比金属低得多，并且吸收光。

理想情况下，顶部触点的金属线应非常窄且紧密靠近，但是非常细的触点对于太阳能应用而言太昂贵了。例如，光刻技术可实现小于 1 μm 的线宽，并被集成电路工业广泛使用，但需要昂贵的化学药品和精确地对准。只有实验室电池可以验证光刻技术的合理性，但很少在商业电池中使用。对于顶部触点的设计，需要在主要影响 I_{sc} 的单元遮光和主要影响 FF 的金属触点电阻之间权衡。

金属顶部触点对于收集太阳电池产生的电流是必需的。"主栅"直接连接到外部引线，而"细栅"是较细的金属化区域，可收集电流以输送到汇流排，如图 4-12 所示。顶部接触设计中的关键设计折中是在与较大间距栅格相关的增加的电阻损耗与由较高比例的顶部金属覆盖物引起的反射增加之间的平衡。太阳电池的电路设计需考虑串联电阻、基极电阻、发射极电阻、接

图 4-12　晶硅电池表面的主栅线和
细栅线

触电阻、细栅和电阻引起的功率损耗以及金属网格图案。

4.4.1　串联电阻

除了使吸收最大化和使复合最小化之外，设计高效太阳电池所必需的条件还包括使寄生电阻损耗最小化。分流和串联电阻损耗都降低了太阳电池的填充因子和效率。有害的低分流电阻来源于加工缺陷。但是，串联电阻需要针对每种类型和尺寸的太阳电池结构进行仔细设计，以优化太阳电池效率。

太阳电池的串联电阻由几个组件组成，如图 4-13 所示。在这些组件中，发射极和顶部栅极(由细栅和主栅电阻组成)支配了整个串联电阻，因此在太阳电池设计中需要进行最大程度的优化。

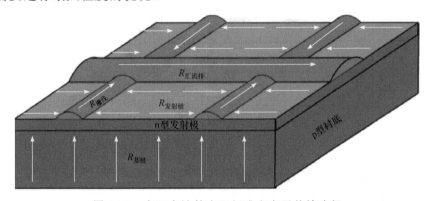

图 4-13　太阳电池的电阻组成和电子传输路径

顶部触点的功率损耗是几个组件功率损耗的总和。

$$P_{\text{loss.total}} = P_{\text{细栅}} + P_{\text{发射极}} + P_{\text{接触点}} + P_{\text{主栅}} + P_{\text{阴影}}$$

除了阴影外，它们几乎都是电阻性的。在顶部接触电阻(4.4.5 节)中表达功率损耗的方法稍有不同。

4.4.2　基极电阻

产生的电流通常从电池的大部分垂直于电池表面流动，然后横向通过顶部掺杂层，直到在顶部表面接触处被收集为止。

假设基极的电阻和电流恒定，电池主体组件的电流电阻或"体电阻"R_b 定义为

$$R_b = \frac{\rho l}{A} = \frac{\rho_b W}{A} \tag{4-14}$$

考虑到材料的厚度，这里 l 是传导(电阻)路径的长度；ρ 是材料的电阻率(电导率的

倒数）；ρ_b 是体电池材料的"体电阻率"，典型的硅太阳电池为 $0.5 \sim 5.0 \ \Omega \cdot cm$；$A$ 是单元格面积；W 是电池主体区域的宽度。

4.4.3 发射极电阻

对于发射极层，电阻率以及层的厚度通常是未知的，从而使得顶层的电阻难以通过电阻率和厚度来计算。然而，对于顶表面 n 型层，可以容易地测量被称为"方块电阻率"的值，该值取决于电阻率和厚度。对于均匀掺杂的层，方块电阻率定义为

$$\rho_\square = \frac{\rho}{t} \tag{4-15}$$

其中，ρ 是该层的电阻率；t 是层的厚度；方块电阻率 $\rho_\square$ 通常表示为 $\Omega/\square$。

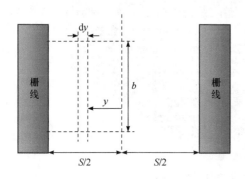

图 4-14 栅线几何尺寸用于计算由前表面横向电阻引起的功率损耗

基于方块电阻率，可以将由发射极电阻引起的功率损耗计算为顶部触点中细栅间距的函数。但是，电流在发射极中流动的距离不是恒定的。可以从靠近细栅的底座收集电流，因此流到细栅的距离很短，或者，如果电流进入细栅之间的发射极，则由此看到的电阻路径的长度为网格间距的一半，如图 4-14 所示。

dy 部分的增量功率损耗为

$$dP_{loss} = I^2 dR \tag{4-16}$$

差分电阻由下式给出：

$$dR = \frac{\rho_\square}{b} dy \tag{4-17}$$

其中，$\rho_\square$ 是方块电阻率，$\Omega/\square$；b 是沿细栅的距离；y 是两个栅格指之间的距离。

电流还取决于 y，$I(y)$ 是横向电流，在均匀照明下，该电流在光栅线之间的中点为零，并在光栅线处线性增加到最大值。电流密度为

$$J = \frac{I(y)}{by} \tag{4-18}$$

其中，b 是沿细栅的距离；y 是两个栅格指之间的距离。

因此，总功率损耗为

$$P_{loss} = \int I(y)^2 dR = \int_0^{S/2} \frac{J^2 b^2 y^2 \rho_\square dy}{b} = \frac{J^2 b \rho_\square S^3}{24} \tag{4-19}$$

其中，S 是网格线之间的间距。

在最大功率点，产生的功率为

$$P_{gen} = J_{MP} b \frac{S}{2} V_{MP} \tag{4-20}$$

分数功率损耗由下式给出：

$$P_{\%lost} \frac{P_{loss}}{P_{gen}} = \frac{\rho_\square S^2 J_{MP}}{12 V_{MP}} \tag{4-21}$$

因此，可以计算出顶部接触栅的最小间距。例如，对于典型的硅太阳电池，其中 $\rho_\square = 40\ \Omega/\square$，$J_{MP} = 30\ mA/cm^2$，$V_{MP} = 450\ mV$，要使发射极的功率损耗小于 4%，则细栅间距应小于 4 mm。

4.4.4　接触电阻

接触电阻损耗发生在硅太阳电池和金属触点之间的界面处。为了保持较低的顶部接触损耗，顶部 n^+ 层必须尽可能重掺杂。但是，高掺杂水平会带来其他问题。如果高水平的磷扩散到硅中，则多余的磷将位于电池表面，形成"死层"，其中光生载流子几乎没有被收集的机会。由于这种"死层"，许多商用电池的"蓝光"响应很差。因此，触点下方的区域应进行重掺杂，而发射极的掺杂则由在发射极中实现低饱和电流与维持高发射极扩散长度之间的平衡来控制。

指状金属具有比下层的掺杂半导体高得多的电导率。细栅之间产生的光的电流横向传播到触点，并在细栅触点的边缘以最大电流集中且不均匀地进入触点，如图 4-15 所示。

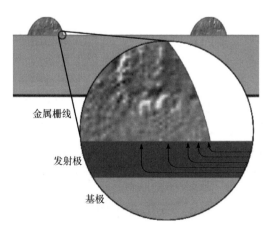

图 4-15　细栅边缘处的电流拥挤

传输长度用于表征当前拥挤程度的特征。L_T 通常表示传输长度，但是这里使

用传输宽度 W_T，以免与细栅长度混淆。

$$W_T = \sqrt{\frac{\rho_C}{R_{sheet}}} \tag{4-22}$$

4.4.5　接触电阻导致的功率损耗

电流流入细栅的每一侧，因此在确定功率损耗时，将细栅一分为二。细栅的欧姆接触电阻为

$$R_C = (W_T / L_f)R_{sheet} \coth\left(\frac{W_f}{2W_T}\right) \tag{4-23}$$

对于很小的传输宽度($W_T < W_f/2$)，有效接触面积等于 $L_f \times W_T$，则

$$R_C \simeq \frac{\rho_C}{L_f W_T} \tag{4-24}$$

对于大于细栅宽度两倍的传输宽度($W_T > 2W_f$)，没有电流拥挤，整个触点可表示为

$$R_C \simeq \frac{2\rho_C}{L_f W_f} \tag{4-25}$$

在上方区域将细栅分为两部分，因此每一侧只有一半的细栅宽度。细栅两侧的功率损耗为 I^2R_C，将式 4-18 和式 4-23 带入可得：

$$P_{loss} = \frac{J_{MP}^2 S_f^2 L_f W_T R_{sheet} \coth\left(\frac{W_f}{2W_T}\right)}{4} \tag{4-26}$$

要得到由接触电阻导致的总功率损耗，可将式(4-26)乘以细栅线数量的两倍。分数功率损耗是在接触电阻中耗散的功率除以在 $I^2R_C/(VI)$ 区域产生的功率。

$$P_{loss.contact} = \frac{I_{MP}^2 R}{V_{MP} I_{MP}} = \frac{J_{MP} S_f L_f R_C}{2V_{MP}} = \frac{J_{MP} S_f W_T R_{sheet} \coth\left(\frac{W_f}{2W_T}\right)}{2V_{MP}} \tag{4-27}$$

其中，$P_{loss.contact}$ 是由接触电阻引起的功率损耗的一部分(0~1)。

表面细栅接触对串联电阻(以 $\Omega \cdot cm^2$ 为单位)的贡献是

$$R_{s.contact} = \frac{S_f W_T R_{sheet} \coth\left(\frac{W_f}{2W_T}\right)}{2} \tag{4-28}$$

在商业的丝网印刷太阳电池中，整个晶片的接触电阻都不同。烧结银浆的物

理过程非常复杂，因此表面拓扑结构和局部加热的微小差异会导致银硅键合质量的较大差异。

细栅电阻：为了提供更高的导电性，电池的顶部具有一系列规则间隔的指状件。从理论上讲，锥形指状件的损耗较低，但技术限制意味着指状件的宽度通常均一。技术(丝网印刷、光刻等)决定了细栅的宽度。细栅间距需进行优化，以实现最低的功耗，因为细栅的阴影和电阻损耗之间需要权衡。

栅线几何尺寸示意图如图 4-16 所示。

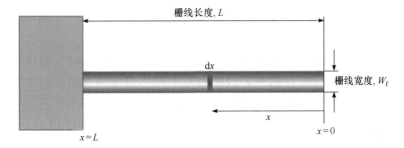

图 4-16　栅线几何尺寸示意图

计算单根叉指的功率损耗。假设宽度恒定。假设电流均匀产生，并垂直流入栅线，即没有电流直接流入母线

细栅功率损耗的计算：考虑距细栅末端距离为 x 的单元 dx。

通过单元 dx 的电流为
$$I = xJ_{MP}S_f \tag{4-29}$$

其中，J_{MP} 是最大功率点上的电流；S_f 是细栅间距。

单元 dx 的电阻为
$$R = \frac{dx\rho_f}{w_f d_f} \tag{4-30}$$

其中，w_f 是细栅的宽度；d_f 是细栅的深度(或高度)；ρ_f 是金属的有效电阻率。

单元 dx 中的功率损耗为
$$I^2 R = \frac{dx\rho_f}{w_f d_f}(xJ_{MP}S_f)^2 \tag{4-31}$$

x 从 0 到 L 的积分给出细栅的功率损耗：
$$\int_0^L \frac{(xJ_{MP}S_f)^2\rho_f}{w_f d_f}dx = \frac{1}{3}L^3 J_{MP}^2 S_f^2 \frac{\rho_f}{w_f d_f} \tag{4-32}$$

将上述表达式乘以细栅的数量可得出整个单元的功率损耗。

要计算分数功率损耗，用细栅的功率损耗除以细栅面积产生的功率，即 $V_{MP} \times J_{MP} \times L \times S_f$。

$$P_{\text{loss.fraction}} = \frac{L^2 J_{MP} S_f \rho_f}{3 V_{MP} w_f d_f} \tag{4-33}$$

细栅电阻对电池串联电阻的贡献是分数功率损耗乘以电池特性电阻。

$$R_{series.finger} = \frac{L^2 S_f \rho_f}{3 w_f d_f} \qquad (4\text{-}34)$$

细栅间距的优化：结合电阻损耗方程，可以确定顶部接触网中的总功率损耗。对于典型的电池类型，如丝网印刷电池，金属电阻率将固定，并且细栅的宽度由电池尺寸控制。银的比电阻的典型值为 $3\times10^{-8}\ \Omega \cdot m$。对于非矩形细栅，将宽度设置为实际宽度，并使用等效高度获取正确的横截面积。

4.4.6　金属网格图案

顶部触点的设计不仅涉及细栅和主栅电阻的最小化，还涉及与顶部触点相关的损耗的总体降低。这些包括发射极的电阻损耗、金属顶部触点的电阻损耗和栅线遮光损耗。顶部触点设计的关键特征决定了这些损耗的大小，包括子栅和主栅间距、金属纵横比、最小金属线宽和金属的电阻率，如图 4-17 所示。

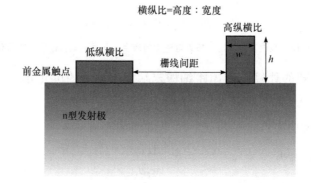

图 4-17　前表面接触布局示意图

1. 细栅间距对发射极电阻的影响

顶部接触设计的一个重要因素是发射极的电阻损耗。来自发射极的功率损耗取决于行距的立方，因此对于低的发射极电阻，细栅之间的距离较短是理想的。

2. 栅极电阻

栅极电阻取决于用于进行金属接触的金属的电阻率、金属化的图案以及金属化方案的纵横比。在太阳电池中需要低电阻率和高金属纵横比，但是实际上受到用于制造太阳电池的制造技术的限制。

3. 遮光损失

遮光损失是由于在太阳电池的顶表面上存在金属，阻止了光进入太阳电池。

遮光损失由顶面的透明度决定，对于平坦的顶面，其透明度定义为顶面被金属覆盖的比例。透明度由金属线在表面上的宽度以及金属线的间距决定。一个重要的实际限制是与特定金属化技术相关的最小线宽。较窄的线宽技术可以使细栅间距更小，从而减少发射极的电阻损耗。

4.4.7　设计规则

尽管存在多种顶部接触方案，但出于实际原因，大多数顶部表面金属化图案相对简单且高度对称。对称的接触方案可以将电池分解为单元电池，可以确定几种广泛的设计规则：

(1) 当主栅中的电阻损耗等于其遮光损耗时主栅具有最佳宽度 W_B；

(2) 锥形主栅的损耗比恒定宽度的主栅的损耗低；

(3) 细栅宽度 W_F 越小，细栅间距 S 越小，损耗越小。

4.5　组　件　设　计

太阳电池是将光能转换成电能的最小单元，即单体太阳电池。为满足实际使用要求，须将若干单体电池按电性能分类进行串并联，经过封装后组合成可以独立作为电源使用的太阳电池组件。

对于地面应用的电池组件的技术要求有良好的绝缘性、有足够的机械强度、成本较低、组合引起的效率损失小、组件寿命长，而且所用材料、零部件及其结构的使用寿命一致。

制作太阳电池组件时，要挑选电性能参数一致的单体太阳电池进行组合和封装，以保证太阳电池的组合损失最小。要根据标称的工作电压确定单体太阳电池串联数，根据标称的输出功率来确定太阳电池的并联数。为节约封装材料，要合理地排列太阳电池，使其总面积尽量小。

第 5 章 晶硅材料的制备

硅材料包括单晶硅、多晶硅和薄膜硅。多晶硅主要通过定向凝固法制备，在多晶硅生长过程中坩埚内部杂质、铸锭炉内的热场波动都会对多晶硅晶体形核产生影响。多晶硅在生长过程中不同生长方向的晶粒相互挤压会在晶粒内部产生应力，应力无法释放将在晶体内部形成位错缺陷。此外，硅溶液中杂质点形核也会形成晶体中的微缺陷，这些缺陷会导致多晶硅晶体的光电性能下降。但是铸造多晶硅的成本低、产能大等特点使得多晶硅片在中端和低端的光伏产品应用市场很有竞争力。薄膜硅材料主要通过气相沉积的方法制备，主要占据小型化、轻型化的光伏发电应用市场。由于薄膜硅太阳电池的厚度只有 1 μm，厚度仅有晶体硅电池的 1%，从材料成本上考虑极具竞争力，但效率和大面积电池的制备是需要提升的方面。

目前光伏大规模电站领域主要由晶体硅太阳电池占据，这得益于其高效的太阳能光电转换效率和相对较低的加工制造成本。目前晶体硅太阳电池的理论太阳能光电转换效率最高可达 29.8%，德国 ISFH 在 Silicon PV 的报告会上基于载流子选择性的概念从理论上对不同结构太阳电池进行极限分析，其中 TOPCon 电池最接近晶体硅太阳电池的理论极限效率(29.43%)。目前单晶硅太阳电池实验室内的最高转换效率是 26.7%，多晶硅太阳电池产业平均光电转化效率达到 20.2%。

多晶硅料目前主要采用三氯氢硅精馏法生产，俗称改良西门子法。2021 年国内第一条年产 5 万吨的多晶硅生产线项目实现稳定运行，72 对棒还原炉技术投入使用。除了改良西门子法，硅烷流化床(fluidized bed reactor，FBR)产业化技术也开始实施。2021 年建成 3 万吨/年的颗粒硅生产线。单晶硅提拉硅棒的直径及长度不断提高，目前主流光伏用 10 in①直拉单晶硅棒的长度已突破 4000 mm，单晶炉主炉筒的内径从 1100 mm、1200 mm、1300 mm、1400 mm 增加到最新的 1600 mm；晶体生长达到 1 炉 2～8 根的生长水平。

5.1 多晶硅的制造方法

多晶硅生产最常见的方法有三种：四氯化硅氢还原法、三氯氢硅氢还原法和

————————————

① 1in=2.54 cm。

硅烷裂解法。三氯氢硅氢还原法是德国西门子公司发明的，因此又称为西门子法。由于西门子法诞生的时间较早，后来又进行了一些新的改良，因此将其称为改良西门子法，但主体工艺流程基本没变，还是利用氢气还原三氯氢硅来生产多晶硅。

5.1.1　改良西门子法

多晶硅制备由 1865 年美国杜邦公司发明的锌还原法拉开序幕，1930～1959 年，四氯化硅氢还原法(贝尔法)、三氯氢硅热分解法(倍西内法)、硅烷热分解法与改良西门子法相继出现。西门子法经过几十年的不断应用、发展、完善，先后出现了第一代、第二代和第三代，产物四氯化硅、氢气、氯化氢循环利用，实现了完全闭环生产。改良西门子法是生产多晶硅最为成熟、投产速度最快的工艺，转化率达到 10%～20%，属于高能耗的产业，其中电力成本约占总成本的 70%。该法制备的多晶硅还具有价格较低、纯度较高、可同时满足直拉和区熔要求的优点，改良西门子法在安全性上远超硅烷法，短期内其生产成本也低于硅烷法。

改良西门子法是目前多晶硅主流厂商生产多晶硅的主要工艺，产量占当今世界总量的 70%～80%。首先使用工业硅和氯化氢氯化生成 $SiHCl_3$，然后还原 $SiHCl_3$，采用化学气相沉积(chemical vapor deposition，CVD)使还原的硅沉积在母材上。在主反应的同时还有副反应的发生，即大量的副产物与中间产品混合，所以三氯氢硅的提纯工艺至关重要，同时副产物的回收也关乎着环保及生产效率。如图 5-1 所示为西门子法用到的钟罩式 CVD 还原炉和还原炉内沉积硅棒。为了提高产能、降低能耗、提高质量，多晶硅生产技术在不断提高：①增加单炉产能，改进后单炉的硅棒数由 12～24 棒，升级为 54 棒，单炉产能达到 600～700 吨/年。②降低单炉能耗，即减少热量的损失。使用油代替水作为炉壁的冷却剂。工作温度更高，则辐射热更少，节省能量；油冷的导热率更高，CVD 炉壁的温度更加均匀；油冷减少了 CVD 炉内水污染的风险，三氯氢硅得率更高；热油通过热循环再利用。③优化三氯氢硅精馏过程，通过增大精馏效率，减少精馏的板数，可以有效减少精馏过程中的能耗，提高三氯氢硅的利用率。④硅芯加热技术的改进，采用等离子体对硅芯进行预热，采用低纯度的硅芯降低成本。⑤三废处理更加安全合理，使得整个生产过程更加安全环保。⑥流化床反应器的采用，流化床反应器的反应电耗是钟罩式西门子反应器的三分之一。其他化学提纯方法还包括：硅烷热分解法、钠还原氯硅烷法、锌还原氯硅烷法、等离子氢还原四氯硅烷法等。

(a) 西门子钟罩式CVD还原炉　　　　(b) 还原炉内沉积硅棒实物图

图 5-1　西门子法用到的还原炉和硅棒

5.1.2　硅烷法

硅烷热分解法又称为硅烷法，是通过使用高纯硅烷(SiH₄)通过热分解得到多晶硅的一种方法，最早于 1956 年由英国标准电讯研究所提出。硅烷法的整个过程包括把原料硅通过化学方法变为硅烷、通过精馏等过程提纯硅烷和高纯硅烷热分解生产多晶硅。经过长期的研究发展，硅烷的制备包括以下几种方法。

(1) 第一种方法是由 MEMC(即美国的 Ethyl Corporation)研究得到，即四氟化硅与金属氢化物(如四氢铝锂或者四氢铝钠)发生反应。四氟化硅通过二氧化硅的氟化作用或者碱性氟硅酸盐(M_2SiF_6，M=碱金属)升华得到。

$$2H_2 + M + Al \Longrightarrow AlMH_4 (M = Na, Li)$$

$$SiF_4 + AlMH_4 \Longrightarrow SiH_4 + AlMF_4$$

(2) 第二种方法由日本的 Mitsui Toatsu 研究得到，即在氨气环境下，让硅与镁粉的混合物与氯化氢接触，最终得到硅烷和无机盐。

$$Si + Mg + 3HCl + NH_3 + H_2 \longrightarrow SiH_4 + MgCl_2 + NH_4Cl$$

(3) 第三种方法由美国的 Union Carbide Corporation 提出，称为 Union Carbide 歧化法，因为生产成本的限制，现在研究和应用最多的就是 Union Carbide 歧化法，生产过程如图 5-2 所示，具体包括：首先四氯化硅通过装有冶金级硅的流化床反应器发生氢化作用：

$$3SiCl_4 + 2H_2 + Si \longrightarrow 4SiHCl_3 \ (500℃，35 \ atm[②]，转化率 \ 20\% \sim 30\%)$$

通过精馏过程将未反应的四氯化硅循环回氢化反应器，纯化过后的三氯氢硅在充满季胺型离子交换树脂催化剂的固定床反应器内发生歧化反应。在反应器中发生的反应过程如下：

---

② 1atm=1.01325×10⁵ Pa。

$$2SiHCl_3 \rightleftharpoons SiH_2Cl_2 + SiCl_4$$

$$3SiH_2Cl_2 \rightleftharpoons 2SiHCl_3 + SiH_4$$

　　然后将硅烷通过精馏进行进一步提纯，获得纯度较高的硅烷，最后在热分解炉中把纯度较高的硅烷通过热分解得到纯度很高的状态为棒状的多晶硅，或者在掺杂有细小硅粒的流化床反应器内发生热分解过程而得到粒状的多晶硅。

$$SiH_4 \longrightarrow 2H_2 + Si$$

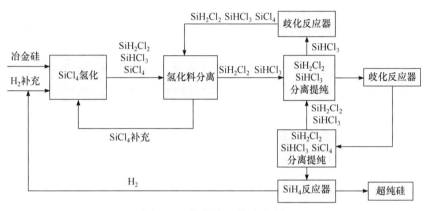

图 5-2　歧化法工艺流程图

　　硅烷法和改良西门子法的差别就在于过程中产物相异，硅烷法使用硅烷作为中间物，改良西门子法的中间物质是三氯氢硅。硅烷法的优点在于：①硅烷与其他杂质性质差别较大，易提纯分离；②硅烷不稳定，可以在较低的温度(如800℃)下进行分解反应，并且分解完全、转化率高、无腐蚀性；③生成的多晶硅棒纯净、体积较大、无缝隙；④整个流程比较简单。缺点在于：①由于硅烷易挥发且歧化反应转化率低，因此循环量大，增加了成本和能耗；②为了生成多晶硅棒，避免产生硅粉，必须冷却热分解反应器的内部，因此会造成热量的损失和能量的浪费；③硅烷易爆炸，危险性高。但相比来说，硅烷法生成多晶硅纯度高、工艺流程简单、操作方便、成本较低，是目前有前景的生产多晶硅的方法。

5.1.3　其他方法

　　流化床法是美国的 Union Carbide Corporation 研究得到的使用流化床反应器制造多晶硅的办法。例如，硅烷热分解反应就可以在流化床中展开。流化床法的具体过程是：首先四氯化硅、冶金级硅、氯化氢和氢气在流化床内，在高温高压下反应产生三氯氢硅，然后三氯氢硅发生加氢的歧化反应从而获得二氯二氢硅，二氯二氢硅相互作用产生硅烷，再把硅烷引入装有小粒径的硅粒流化床反应器中开始热分解反应，最后生成粒状多晶硅。流化床法可以用于生产规模相对较大的太阳能级多晶硅，但是纯度并不尽如人意，安全性有待提高。

冶金法生产太阳能级的多晶硅是由日本最早研究出的一种物理生产方法。主要工艺过程是：以纯度高的冶金级硅为原料，首先通过水平区熔定向凝结为硅锭，去掉硅锭中外表面和凝聚金属杂质的部分，经过初步粉碎和清洁，在等离子体溶解炉中初步排出硼杂质，然后经过同样的步骤，在电子束溶解炉中去除鳞、碳等杂质，得到硅纯度在 99.9999%的太阳能级多晶硅。冶金法是太阳能级多晶硅的一种成本低廉的生产技术，但是由于其制得的多晶硅杂质含量高，存在错位、晶界密度高等结构缺陷，大大降低了太阳电池的转换效率，因此应用不太广泛。

气-液沉积法(vapor-liquid deposition，VLD)是由日本研究开发的新型太阳能级多晶硅生产工艺。主要工艺过程为：三氯氢硅与氢气在石墨管反应器中发生相互作用生成硅，因反应器内的温度为 1500℃高于硅的熔点，因此获得的硅会以熔体形式滴入反应器的底部，最终降温凝固为固体的多晶硅。此工艺不存在流化床反应器的硅粉问题，并且比西门子法的沉积速率快近 10 倍，但因为设备研究还不深入，技术还需进一步开发。

5.2　多晶硅锭的制备

利用铸造技术制备多晶硅，称为铸造多晶硅(multicrystalline silicon，Mc-Si)。其优点是生长简便，易于大尺寸生长，易于自动化生长和控制，并且很容易直接切成方形硅片；材料的损耗小，同时铸造多晶硅生长能耗相对小，促使材料的成本进一步降低，而且铸造多晶硅技术对硅原料纯度的容忍度比直拉单晶硅高。缺点是铸造多晶硅具有晶界、高密度的位错、微缺陷和相对较高的杂质浓度，从而降低了太阳电池的光电转换效率。

多晶硅锭是一种柱状晶，晶体生长方向垂直向上，是通过定向凝固(也称为可控凝固、约束凝固)过程来实现的。定向凝固方法是根据晶体生长时晶粒竞争生长的原理，主要通过改变凝固界面温度梯度和晶体生长速度等凝固条件，使不同取向的晶粒间竞争生长，通过晶粒淘汰，获得具有一定择优取向的材料。利用定向凝固原理铸造多晶硅锭的方法主要有浇铸法、直熔法、电磁铸锭法等。

5.2.1　浇铸法

在一个坩埚内将硅原料溶化，然后浇铸在另一个经过预热的坩埚内冷却，通过控制冷却速率，采用定向凝固技术制备大晶粒的铸造多晶硅。即通过控制凝固坩埚周围的加热装置，形成一定的自上部向底部的温度梯度，使得凝固坩埚的底部首先低于硅熔点的温度，从而硅熔体从坩埚底部开始逐渐结晶。浇铸法工艺成熟，易于操作控制，能实现半连续生产，但其熔化与结晶在不同的坩埚中进行，容易造成熔体的二次污染。

5.2.2　直熔法

直熔法是直接熔融定向凝固方法的简称，多晶硅原料在坩埚内熔化，然后从坩埚底部开始逐渐降温，使底部熔体首先结晶。结晶过程中保持固液界面在同一水平面上并逐渐上升，直至整个熔体结晶为晶锭。根据热场控制方式的不同，直熔法又分为布里奇曼法(Bridgman method)和热交换法(heat exchange method，HEM)。

布里奇曼法是在坩埚内直接将多晶硅溶化，然后将坩埚以一定的速度移出热源区域，从而建立起定向凝固的条件。热交换法是指多晶硅在坩埚内溶化后，通过坩埚底部的热交换等方式，使得熔体冷却，坩埚和热源在硅料熔化和结晶过程中无相对位移。

与铸锭浇注法相比，采用直熔法制造多晶硅有以下优点：

(1) 在同一个坩埚中进行熔炼与凝固成形，避免了熔体的二次污染；

(2) 通过直熔法得到的是柱状晶，减轻了晶界的不利影响；

(3) 由于直熔法过程中的杂质分凝效应，对于硅中分凝系数与 1 相差较大的杂质有一定的提纯作用。

缺点：能耗大，生产效率低，操作不连续，产能较小，坩埚耗费大，其硅锭制备设备成本较高。

5.2.3　电磁感应加热连续铸造

电磁感应加热连续铸造(electromagnetic continuous pulling，EMCP)原理是利用电磁感应的冷坩埚来熔化硅原料。这种技术熔化和凝固可以在不同部位同时进行，节约生产时间；而且，熔体和坩埚不直接接触，既没有坩埚消耗，降低成本，又减少了杂质污染，特别是氧浓度和金属杂质浓度有可能大幅度降低。该技术还可以连续浇铸，速度可达 5 mm/min。不仅如此，由于电磁力对硅熔体的作用，使得掺杂剂在硅熔体中的分布可能更均匀。缺点是这种技术制备出的铸造多晶硅的晶粒比较细小，为 3~5 mm，晶粒大小不均匀。而且，该技术的固液界面是严重的凹形，会引入较多的晶体缺陷。因此，这种技术制备的铸造多晶硅的少数载流子寿命较短，所制备的太阳电池的效率也较低。

随着工业化生产低成本、高效率的要求，铸锭主要朝着以下几个方向发展：单炉硅锭更大，长晶时间更短，晶粒更加均匀，位错更少，等等。基于生产需要，铸锭工艺主要发展出以下几种高效工艺。

含籽晶准单晶铸锭——这种工艺是为了在硅定向凝固初期,处于坩埚底部的硅溶液在形核的过程中具有籽晶,从而达到和籽晶同一晶向的晶粒优先生长的目的。当底部铺设籽晶,在熔化的过程中,通过控制坩埚的熔化温度达到籽晶不被熔化的目的,熔化的硅溶液在籽晶的引导下开始生长。通常情况下底部铺设的籽晶为单晶片,多采用单晶头尾料制作。硅溶液在单晶籽晶的诱导下逐渐长成具有单一晶向的单个大晶粒。同时由于铸锭的过程中与坩埚壁接触的硅溶液在坩埚壁的作用下无法生长成单晶,大量的热应力在坩埚壁释放,导致处于坩埚壁附近的多晶硅凝固成具有大量位错的碎小多晶颗粒。因为在整个硅锭中,既存在单晶部分,又存在少量的多晶部分,所以由此方法生长的单晶称为铸造准单晶。这种技术的难点在于确保在熔化硅料阶段,籽晶不被完全熔化,还要控制好温度梯度的分布,这是提高晶体生长质量的关键。

均匀的大晶粒——无籽晶引导铸锭工艺对晶核初期成长控制过程要求很高。一种方法是使用底部开槽的坩埚。定向凝固时的温度梯度和晶体生长速度可提高多晶晶粒的尺寸,槽的尺寸以及冷却速度决定了晶粒的尺寸,凹槽也有助于增大晶粒。由于需要控制的参数太多,无籽晶铸锭工艺显得较为困难。其重点是精密控制定向凝固时的温度梯度和晶体生长速度来提高多晶晶粒的尺寸,形成所谓的高效铸锭。这种高效铸锭硅片的晶界数量远小于普通的多晶硅片。

半熔工艺——高效铸锭技术大部分为有籽晶铸锭,由于在坩埚上做籽晶的坩埚制备技术要求高,使用过程容易造成开裂等问题,所以现在产业化生产使用的高效工艺均为采用多晶作为籽晶体进行定向凝固铸锭。使用多孔材料或多晶硅碎片(0.5~2 cm 大小)杂乱地堆积底部诱导形核,进行形核长晶生长多晶硅锭,该方法最早是被铸锭厂家所使用。碎片形核与单晶籽晶具有完全不同的作用机理。籽晶一般为外延生长,而多孔碎片法采用的多晶硅碎片即使位错密度高,仍然可以制备出高效多晶硅。在铸锭炉中,采用隔热笼来化料,使固液界面慢慢往下推移,待硅固界面刚好化到多晶硅碎片层或进入时,降低炉内温度并开大隔热笼,使其熔化变为形核长晶,再随时间逐步调整隔热笼和温度,使其多晶硅晶体往上垂直生长,直到头部全部结晶完毕,进入退火冷却。此方法采用多晶或单晶颗粒或者碎片作为籽晶均可。

选择更紧密的填充装料方法——提高单炉的装料量可以直接提高单炉的产量,降低铸锭的单位成本。太阳能级多晶硅料的主流生产方法为改良西门子法,在还原炉内通过气相还原沉积的方法,硅芯逐渐长大成硅棒。敲碎后的硅棒在填充坩埚的过程中具有天然的缝隙和低的填充因子,导致单个坩埚的装载量下降。针对太阳能级多晶硅料生产的最新技术如物理法提纯多晶硅的多晶硅产品为块状硅料,在装料的过程中具有最大的填充因子。硅烷流化床方法生产的太阳能级多晶硅产品为细小颗粒状,可作为西门子法硅料的缝隙补充硅料,也可有效提高单炉的装载量。

热场升级——坩埚宽度和高度的增加，将使热场随之增大。单炉铸锭的产量将极大地增加。当热场尺寸变大后，对于铸锭炉热场的供电稳定、保温材料均匀、加热器的均匀、炉体恒温、坩埚底部散热、工艺优化、安全防漏液等各个方面都提出了更高的要求。虽然单个铸锭的过程在铸锭周期、用水量、用气量及耗电量上都有增加，但是在单位电耗等成本上都明显降低，所以热场的升级改造是各个铸锭炉厂家竞相研究的方向。

5.3　单晶硅棒的制备

目前应用最广泛的单晶硅棒的制备方法有两种，坩埚直拉法和无坩埚悬浮区熔法，这两种方法得到的单晶硅分别称为 CZ(Czochralski)硅和 FZ(float zone)硅。

5.3.1　直拉法

直拉法是运用熔体的冷凝结晶驱动原理，在固液界面处，随着熔区温度的下降，发生液态转变为固态的相变，从而结晶为晶体。直拉单晶过程为：加热熔化多晶硅料后，达到合适的温度，籽晶侵入与熔体表面接触完成熔接，接着进行引晶、放肩、等径、收尾步骤，最终拉制成一根完整的单晶硅。直拉法生长单晶硅的特点是可以直接观察到晶体的生长情况，及时改变加热功率、提拉速度，从而控制晶体的生长形状；方便控制生长条件，较快速度生长大直径的单晶硅；在自由表面处生长的晶体，不与坩埚接触，很大程度上减少了热应力；选择不同取向的籽晶，生长出所需要取向的单晶；可以精密控制生长条件，降低晶体位错，很大程度上提高了晶体的完整性。

为了生长质量合格(硅单晶电阻率、氧含量及氧浓度分布、碳含量、金属杂质含量、缺陷等)的单晶硅棒，在采用直拉法生长时，拉晶装备和技术需考虑：①单晶硅系统内的热场设计，确保晶体生长有合理稳定的温度梯度；②单晶硅生长系统内的氩气气体系统设计；③单晶硅夹持技术系统的设计；④为了提高生产效率的连续加料系统的设计；⑤单晶硅制备工艺的过程控制。

l. 磁场直拉单晶硅生长工艺

1980 年日本 SONY 公司将磁场直拉晶体技术正式运用到单晶硅生长工艺中。磁场具有抑制导电流体的热对流能力，而且大部分金属及半导体溶体都具有良好的导电性。故在传统的直拉生长系统上外加一个磁场，可以抑制熔体里的自然热对流，避免产生紊流现象。在合适的磁场强度及分布下进行晶体生长，能起到减少氧、硼、铝等杂质经石英坩埚进入硅熔体后进入晶体的效果，从而可制备出氧含量可控制及均匀性好的高电阻率的直拉单晶硅。采用磁场晶体生长技术时磁场与晶

(a) 横向磁场　　　(b) 纵向磁场　　　(c) 复合磁场

图 5-3　外加磁场方向示意图

体生长轴的方向对于实际效果有着很大的影响，根据所加磁场结构、方向不同可有横向磁场、纵向磁场及各种非均匀分布的复合式磁场三种，如图 5-3 所示。其中以复合式磁场效果最好，使用最普遍。

目前我国已拥有自主知识产权的晶体生长技术，研制生产出氧碳含量可控、缺陷密度低、电阻率均匀性好的直径大于 200 mm 的大直径单晶硅。

2. 连续加料的直拉单晶硅生长工艺

该工艺可让晶体生长的同时不断地向石英坩埚内补充多晶硅原料，以此来保持石英坩埚中有恒定的硅熔体，致使硅熔体液面不变而处于稳定状态，减少电阻率的轴向偏析现象，并可以生长出比较长的单晶硅棒以增加产量，提高了生产效率。当前连续加料方法主要有液态连续加料和固态连续加料两种方式。虽然采用新的单晶硅生长技术，会使设备变得复杂而增加前期投资，但预期仍然可降低约40%的生产成本。同时通过不断优化工艺，提高控制精度，从而不断提高大尺寸的单晶硅的质量。

5.3.2　区熔法

区熔法是运用硅熔体具有较大的表面张力(熔点时为 736 mN/m)和较小的密度(液态时为 2.553 g/cm³)，使硅熔融区呈悬浮状态。区熔法单晶硅生长示意图如图 5-4 所示。硅熔体不接触其他任何物体，因而不会被污染。此外由于硅中杂质

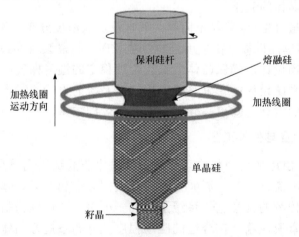

图 5-4　区熔法单晶硅生长示意图

的分凝及蒸发效应的作用，故可生长出比直拉法生产的纯度更高的单晶硅。一般工业用区熔单晶硅的电阻率在 $10\sim200\ \Omega\cdot cm$，如果采用中子辐射掺杂生长的区熔单晶硅，则可精确控制其电阻率。其因电阻率均匀、氧含量低、金属污染低的特性，主要用于生产高反压、大功率电子元件和制备红外探测器。

区熔单晶硅的生长系统主要由炉体(包括炉膛、上轴、下轴、导轨、机械传动装置和基座等)、高频发生器和高频加热线圈、系统控制柜、真空系统及气体供给控制系统组成。但由于生长周期长、成本高、晶棒尺寸小(目前区熔法虽说已能生长出最大直径是 8 in 的单晶硅棒，但其主流产品仍是直径 4~6 in)，用于民用太阳电池过于昂贵，很难商业化普及。

5.3.3　两种方法主要特点的比较

区熔法不需要使用坩埚，高频线圈加热，可以获得高纯度的单晶硅，含氧量低，得到的单晶硅的机械性较差，而直拉法需要坩埚，一般用电阻加热，生长的单晶硅含一定量的氧，但是含氧均匀，故得到的单晶硅机械性较好。区熔法生长单晶硅，对多晶原料要求较高，需要使用外径比较好的多晶硅，而直拉法生长单晶硅，对多晶硅原料要求较低，块状的多晶硅原料也可；区熔法生长单晶硅，由于受到熔区稳定性的限制，很难生长出大直径的单晶硅，而直拉法生长单晶硅，熔区稳定，生长大直径的单晶硅较容易；区熔法生长的单晶硅电阻率比较均匀，主要用于制作高压大功率可控整流器件，而直拉法生长的单晶硅主要用于制造晶体管、集成电路、二极管、太阳电池等。

第6章 晶硅太阳电池制造

目前商业化的太阳电池中，晶硅太阳电池占90%以上。短时间内太阳电池行业中晶硅太阳电池仍将占主导地位。电池片制备工艺流程主要包括切片、清洗、制绒、扩散、刻蚀、减反射膜沉积、电极印刷与烧结等。不同结构电池的制造工艺有所区别，本章主要详细介绍目前主流的高效晶硅电池钝化发射区背面接触(passivated emitter and rear contact，PERC)电池的制备工艺。除此之外，也简要介绍了钝化发射极背面局部/全域扩散(passivated emitter and rear locally-diffused/totally-diffused，PERL/PERT)电池、带有本征薄层的异质结(heterojunction with intrinsic thin-layer，HIT)电池、叉指式背接触(interdigitaed back contact，IBC)电池、隧穿氧化层钝化接触(tunnel oxide passivating contact，TOPCon)电池等其他高效晶硅电池的结构以及制造工艺的不同之处。

6.1 切 割 硅 片

单、多晶硅片作为光伏电池主要的基础材料，其加工工艺对太阳电池质量有着重要影响。切片是太阳电池机械加工的第一道工序，锯切表面质量的好坏会影响到后续工序的成本，也影响到太阳电池的断裂强度和光电转换效率等性能。

6.1.1 多线切割原理

多线切割是目前世界上最先进的硅片切割加工技术，其原理是通过一根钢丝线(直径0.12～0.16 mm，长度600～800 km)的高速往复运动，将待切割硅棒一次性同时切割成数百或数千片薄片。多线切割的张力控制是关系到加工能否顺利进行以及加工质量好坏的关键，是切割工艺中最核心的要素之一。张力控制不好是产生线痕片、崩边甚至断线的重要原因。为了减少硅棒损耗，多线切割一般都是使用很细的钢丝(直径0.12～0.16 mm)，如果加工过程中钢丝线的张力过大，会使附着在钢丝线上的碳化硅微粒难以进入硅棒加工区域，进而使得切割效率降低，出现线痕片等，更严重的会使钢丝线崩断，造成整个加工过程中断；而张力过小则会引起钢丝附加低频振动，同时导致钢丝线的弯曲度增大，带砂的能力下降，造成切割能力降低，影响到硅片的表面加工质量，使得切割出来的硅片翘曲度较大、平行度较差、总厚度误差和中心厚度误差较大。多线切割的工艺有时要求对于不同的加工材料需要设置不同的张力，甚至对于同一加工材料切割的不同阶段所要求的钢丝线张力也是不一样的。

太阳能硅片多线切割机的机械结构见图 6-1。开始所有钢丝线全部缠绕在放线轮(1)上，通过一系列导向轮缠绕到两个加工辊(5 和 6)上，这两个加工辊上按切割硅片厚度的要求而平行刻有一定深度的沟槽，钢丝线缠绕在这些沟槽里面而形成一排数百或数千按一定间隔排列的钢丝线网，这样两个加工辊上由缠绕的钢丝组成了切割面，刻的沟槽主要是保证钢丝线在加工运行过程中始终保持线的平行而不会跑偏，钢丝线再通过一系列导向轮回到收线轮(2)。两个加工辊通过同步带由一个主电机拖动，使得两个加工辊正反向交替运转，加工辊上的钢丝线往复运行。这样钢丝线的利用率较高，加工出来的硅片表面质量较好，而钢丝线则逐渐由放线轮转移到收线轮上。通过管路用砂嘴将砂浆均匀地喷洒在钢丝线网上，由钢丝线将砂浆携带进入到硅棒加工区域进行研磨切割。

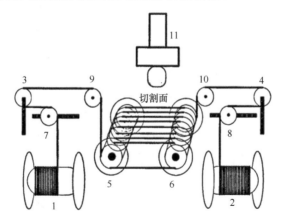

图 6-1　太阳能硅片多线切割机的机械结构
1. 放线轮；2. 收线轮；3,4. 张力摆杆；5,6. 加工辊；7,8. 排线轮；9,10. 导向轮；11. 工作台

6.1.2　切割工艺

目前，硅材切割成片的方法包括自由磨粒线锯切割和金刚石线锯切割。自由磨粒线锯切割是指以碳化硅粉为磨料，在高速往复运动的线锯的带动下到达切割区域进行硅材的切割。它主要通过磨粒在硅材和线锯之间滚动，同时线锯对磨料施加压力，使接触的硅材表面被压碎并被磨浆带离硅材来达到去除材料的目的，从而实现硅片的切割。自由磨料线锯切割过程中，磨粒、线锯和晶体间形成三体磨损机制。金刚石线锯切割是利用表面固定有金刚石磨粒的钢丝线进行硅材的切割。与磨削的原理相似，它主要通过金刚石磨粒对硅材表面进行耕犁以进行硅片的切割。两种切割方式如图 6-2 所示。自由磨粒线锯切割技术存在效率低、切屑回收难等不足且不符合环保理念；金刚石线锯切割切缝窄、效率高、切割硅片表

面质量高、环境污染小且加工成本低。

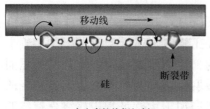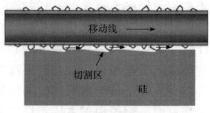

(a) 自由磨粒线锯切割　　　　　　　　　　(b) 金刚石线锯切割

图 6-2　两种切割方式原理图

相较于自由磨粒线锯切割，金刚石线锯切割较为稳定，硅片厚度变化较小。切割硅材的过程中同时存在塑性切割和脆性切割。塑性切割是指通过挤压变形的方式使材料发生塑性变形达到切割目的，而脆性切割则是指通过产生裂纹造成材料脆性脱落以去除。尽管金刚石线锯切割以塑性切割和脆性切割并存的方式切割硅材，但切割后硅片表面仍存在很多平行划痕，部分划痕边缘有隆起，也存在材料的脆性剥落引起的凹坑，如图 6-3 所示。在金刚石线锯切割中，如果切割区域没有得到充分润滑，硅片表面容易产生与划痕方向平行的裂纹，这些裂纹会影响硅片的断裂强度。硅片表面脆性剥落引起的凹坑也会影响硅片的力学性能。此外，金刚石磨粒对硅材表面进行耕犁的过程中会产生大量热量，如果没有及时消除，锯丝上的金刚石磨粒容易发生碳化而脱落。这些脱落的磨粒易被挤压嵌入硅片表面，引起硅片表面凹坑的出现。这些因素都会影响硅片的性能，进而影响后续太阳电池的电学性能。

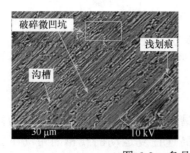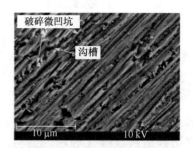

图 6-3　多晶硅切片表面形貌

6.2　硅　片　清　洗

6.2.1　RCA 清洗技术

高效晶硅太阳电池对硅片的表面质量有着极高的要求，除了严格的尺寸要求，表面质量指标包括硅片厚度变化量(total thickness deviation，TTV)、表面粗糙度(R_a)、表面金属含量等。这就要求硅片在切割完成后进行有效的清洗以清除切割工艺中由于砂浆和钢线以及其他接触物造成的污染，如有机杂质沾污、颗粒沾污、金属离子沾污等。

自 1970 年 Kern 发明 RCA 清洗技术以来，RCA 在过去几十年中一直是应用最广泛的清洗技术。所用清洗装置大多是多槽浸泡式清洗系统，其一般工序分为三步。

1. SC-1 清洗去除颗粒

SC-1 是 H_2O_2 和 NH_4OH 的碱性溶液，通过 H_2O_2 的强氧化和 NH_4OH 的溶解作用，使有机物沾污变成水溶性化合物，随去离子水的冲洗而被去除。由于溶液具有强氧化性和络合性，能氧化 Cr、Cu、Zn、Ag、Ni、Co、Ca、Fe、Mg 等，使其变成高价离子，然后进一步与碱作用生成可溶性络合物而随去离子水的冲洗被去除。因此用 SC-1 液清洗对有机沾污和金属沾污都有很好的去除效果。

2. DHF 清洗

DHF 清洗是 RCA 的第二个步骤。DHF 是英文 diluted HF 的缩写，意思是稀释的 HF 溶液，因此一般的 DHF 都是将 HF 和 H_2O 按一定比例混合。SC-1 是碱性的，H_2O_2 的氧化作用使得硅片在经过 SC-1 之后表面生成薄薄的氧化层。而 HF 溶液有腐蚀性，稀释的 HF 溶液可以将 SC-1 清洗时表面生成的氧化膜腐蚀掉，同时抑制氧化膜的再次生成。并且，在腐蚀氧化膜的同时，附着在氧化层上的金属也可被一同腐蚀掉。合理配比 HF 溶液浓度同时控制硅片在 DHF 中停留时间，既可以达到清洗目的又不损伤硅片。在酸性溶液中，硅表面呈负电位，而大部分颗粒呈正电位，正负异性电位吸引，使颗粒容易附着在硅片的表面。DHF 对于清洗 Al、Fe、Zn、Ni 等金属效果很好，但对于氧化还原电位比氢高的一部分金属，如 Cu 的效果较差，Cu^{2+} 会附着在硅表面形成沉积。DHF 清洗也能去除附在氧化膜上的金属氢氧化物。

3. SC-2 清洗

SC-2 是 H_2O_2 和 HCl 的酸性溶液，它具有极强的氧化性和络合性，能与金属作用生成盐，然后随去离子水冲洗而被去除。被氧化的金属离子与 Cl^- 作用生成的可溶性络合物亦随去离子水冲洗而被去除。RCA 清洗液中，SC-1 对于去除微粒和有机物质非常有效，但容易引起金属沉积在晶圆表面，沉积量取决于其中化学物质的金属含量。去除这些金属污染物是 SC-2 溶液的主要目的。

6.2.2　等离子清洗

等离子体指的是含有离子、电子、高活性自由基和电中性分子的可以导电的气体。常用于 IC 级硅片的表面清洗，其基本原理是利用高真空、高频高压环境引入或产生离子态反应气体如 HF，反应气体与晶片表面发生化学反应生成易挥发性氧化物，如二氧化碳和水，被真空抽去。

等离子清洗的优点在于清洗后无废液，省去了对清洗液的存放处理等工序；穿透和渗透能力强，可以清洗结构复杂的器件，如细管、夹层等；还可以通过化学氧化、物理轰击实现最为彻底的剥离式清洗，因此特别适合精密清洗。但是等离子清洗也存在不足，所使用的等离子气源会与硅表面发生反应。此外，不同金属混合物蒸发压力不同，在低温下各种金属氧化物挥发性不同，所以在一定的温度、时间条件下，难以将所有金属污染物完全去除。

6.2.3　兆声清洗

兆声清洗和超声清洗一样，是一种物理清洗。利用的是高频声能(700～1000 kHz)产生的声学流。声学流指的是声波在液体内传播时，液体沿声波传播的方向运动形成的液体流动。兆声波波长非常短，大约为 1.5 μm，能量密度约为超声的 1/50。兆声波推动溶液做加速运动使溶液以加速的流体形式不断冲击硅片表面，通过这种物理作用使大部分硅片表面的颗粒等沾污粒子离开硅片表面进入溶液中，从而达到去除污染物的目的。不同于会产生驻波的超声清洗，兆声清洗的频率较高，不易损伤硅片。同时，在兆声清洗过程中无机械移动部件，因此可减少清洗过程本身所造成的沾污。兆声清洗为了达到可湿性的目的，常使用表面活性剂，使粒子不再沉积在表面上。但是兆声清洗也存在换能器易坏的缺点。

6.3　PERC 电池制备技术

PERC 电池，全称为"钝化发射区背面接触电池"，是从常规铝背场(Al-BSF)电池结构衍生而来。在 20 世纪 80 年代，由格林等在新南威尔士大学开发，然而花了大约 30 年的时间才将其转化为商业技术。20 世纪末以来，PERC 太阳电池的生产能力呈指数级增长。2019 年，根据《国际光伏技术路线图》(International Technology Roadmap for Photovoltaic，ITRPV)，PERC 太阳电池取代 Al-BSF 电池成为主流技术，市场份额超过 60%。从传统的 Al-BSF 电池结构到 PERC 太阳电池的快速过渡极大地提高了商业化太阳电池的效率。这种快速而平稳地过渡主要由两个因素驱动。首先，由于标准 Al-BSF 电池与 PERC 太阳电池的结构非常相似，因此将标准 Al-BSF 电池生产线转换为 PERC 太阳电池生产线只需少量的成本和新设备。其次，PERC 太阳电池出色的后表面钝化可提供 2%～2.5%的绝对效率提升，进一步促进转型的经济可行性，尤其是在效率日益重要的组件和系统层面。PERC 太阳电池效率一直以每年 0.5%的绝对效率在增长，目前在大规模生产中效率已经达到 23%～23.5%。2019 年隆基绿能科技股份有限公司报道了 23.83%和 24.06%(开路电压 $V_{OC} = 694$ mV，电流密度 $J_{SC} = 41.58$ mA/cm²，填充因子 FF = 83.26%)的 PERC 电池效率世界纪录，这说明我国光伏企业对这种新型太阳电池的产业化技术拥有非常深刻的理解。本节将以 PERC 太阳电池为例，介绍晶硅电池片的制造工艺技术。

6.3.1　PERC 电池结构和工艺流程

PERC 电池通过在电池背面增加钝化效果更好的 Al_2O_3 和 SiN_x 镀膜层，采用背面局部接触结构，降低背面复合速率，提升背表面的光反射，提升电池的转换效率。其电池结构如图 6-4 所示。

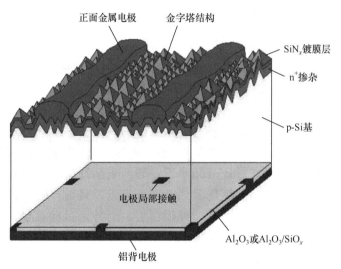

图 6-4　PERC 电池结构示意图

PERC 太阳电池无论是采用单晶硅还是多晶硅，单面还是双面，其工艺流程基本相似，主要是在传统 Al-BSF 太阳电池的产线上增加 2 道工序：背面钝化膜的制备、背面钝化层激光开槽，具体如图 6-5 所示。对比其他高效电池技术，PERC 技术受到推崇的主要原因是产线设备：只需在普通 BSF 电池生产线的基础上增加背面钝化膜沉积和介质层开槽设备。利用现有产线设备，即可实现单晶和多晶电池转换效率的大幅度提升，新增设备投资相对 IBC、HIT 等 n 型电池技术低得多。随着电池制造装备的国产化，PERC 电池产线投资大幅度降低，加上市场对高功率电池组件的强劲需求，PERC 电池产能迅速扩张，已取代 BSF 成为新一代的常规电池。PERC 技术的优势还体现在与其他高效电池和组件技术的兼容性上，以及进一步提升效率的潜力。通过与多主栅、选择性发射极和先进陷光等技术的叠加，PERC 电池效率还可以进一步提升。而双面 PERC 电池在几乎不增加制造成本的情况下实现双面发电，提升发电量，极大地提升了 PERC 技术的竞争力与发展潜力。

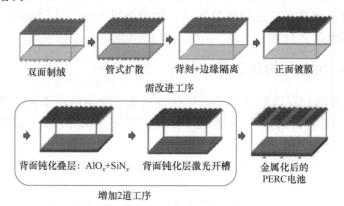

图 6-5　典型 PERC 太阳电池生产线的布局图

6.3.2　表面清洗、制绒

在硅片切割工序中表面和次表面原本有序的晶格会被破坏，形成一层损伤层，这种破坏会造成很严重的电子空穴复合，影响电池效率。去损伤层一般使用 10%～20%浓度的 NaOH 溶液，在 75～100℃下将硅片表面均匀地腐蚀掉一层。腐蚀厚度根据损伤的情况而定。为了简化工艺及提高产量，目前产业中经常省略此道工序，而是在硅片表面织构化的同时去掉损伤层。另外，目前典型的硅片切割损伤层厚度约为 10 μm，硅片典型厚度为 150～180 μm。如果去除损伤层过多，将造成后续工艺中硅片碎片率增高，增加电池制造成本。

太阳光照射到硅片表面上，一部分会被反射出去，导致太阳光能量的损失。据报道，硅片表面对长波(>1100 nm)的反射率约为 35%，对短波(<400 nm)的反射率高达 54%，总体的反射率超过 30%，不利于太阳电池片对入射光的充分吸收利用。为了降低硅表面对太阳光的反射，已有多种技术被开发利用，如减反射膜技术、表面制绒技术等。

表面制绒技术又称为表面织构化技术，是指通过某种方法在硅片表面制作出凹凸不平的形状，以实现太阳光线在硅片表面多次反射，增加 p-n 结面积，从而增强晶体硅表面对光的吸收，增强入射光的利用率，提高光生电流及太阳电池的光电转换效率。

晶体硅片表面制绒根据单晶和多晶的不同，采用的腐蚀原理和腐蚀液也不同。单晶硅晶向一致，目前使用的硅片表面基本都是(100)晶向，利用硅的各向异性腐

蚀特性，通过碱性腐蚀液可以达到制绒效果。利用制绒添加剂结合四甲基氢氧化
铵(tetramethylammonium hydroxide，TMAH)替代传统制绒碱液，可以在硅片表面
获得大小均匀的金字塔[图 6-6(a)]，并且能够有效缩短制绒时间，提高生产效率。
目前，制绒添加剂已广泛应用于光伏电池的生产制造之中。此外，反应离子刻蚀
(reactive ion etching，RIE)制绒和激光制绒也可以获得具有较低反射率的绒面结构，
但激光制绒存在激光损伤，大规模应用存在自动化产能的问题。除了上述金字塔形
的制绒技术外，倒金字塔形和蜂窝状绒面也在广泛研究中。多晶存在较多的晶界，
无法使用碱溶液利用各向异性腐蚀得到类似单晶的金字塔，适合采用蜂窝状的绒面。
传统的多晶绒面是利用 HF/HNO₃ 的混合液，腐蚀表面得到凹坑结构[图 6-6(b)]。在
工业生产中，通常将制绒与清洗工艺放在一起，为太阳电池制备的第一道工序。

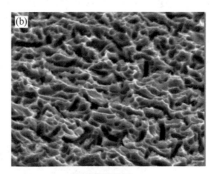

(a) 金字塔形绒面　　　　　　　　　　　　(b) 蜂窝状绒面

图 6-6　晶体硅绒面形貌

1. 单晶硅制绒

　　单晶硅制绒是通过在碱性腐蚀液中利用单晶硅的各向异性腐蚀的特性在硅表
面形成金字塔状绒面的过程。各向异性腐蚀是指腐蚀溶液对单晶硅不同晶面具有
不同的腐蚀速率的特性，通常把晶体硅(100)晶面与(111)晶面腐蚀速率比作为各向
异性因子(anisotropic factor，AF)。当 AF=1 时，硅片各晶面腐蚀速率相同，将会
得到平坦、光亮的腐蚀表面；当 AF=10 时，腐蚀面出现体积较小、均匀的金字塔
绒面，锥形四面体四个面全是(111)面。NaOH 或 KOH 等碱溶液对(100)面腐蚀速
率是(111)面的数倍至数十倍，在一定的弱碱溶液中甚至可达 500 倍，因此碱溶液
能够制备出较好的绒面结构。而且碱溶液具有价格便宜、废液易于处理等优点，
故各向异性腐蚀成为工业上单晶硅制绒的主要方法。硅片碱制绒腐蚀液通常采用
1%～3%的 NaOH 溶液，添加 1%以下的特殊添加剂。

　　碱制绒反应方程式(6-1)和式(6-2)以及总反应式(6-3)如下所示：

$$Si + 6OH^- \Longrightarrow SiO_3^{2-} + 3H_2O + 4e^- \tag{6-1}$$

$$4H^+ + 4e^- \Longrightarrow 2H_2 \uparrow \tag{6-2}$$

$$Si + 2OH^- + H_2O = SiO_3^{2-} + 2H_2 \uparrow \qquad (6\text{-}3)$$

单晶硅制绒加清洗工序为：碱/H_2O_2—水洗—碱腐蚀制绒—HCl/O_3 溶液浸泡清洗—水洗—HF 溶液浸泡清洗—水洗—烘干。首先通过碱/H_2O_2 清洗去除来自硅片切割过程中带来的机械损伤，然后在制绒过程中，由于 NaOH、添加剂消耗很大，经过一定数量硅片的反应后需补充 NaOH 和添加剂以维持稳定的反应环境。反应一定批次后溶液中会出现大量反应产物 Na_2SiO_3，黏稠的 Na_2SiO_3 易附着在硅片表面造成硅片表面白斑，此时需要换掉槽内溶液配制新溶液。制绒后硅片进入水洗槽，去除硅片表面残余碱液。接着在 10%～20% 的 HCl 溶液中浸泡，这一方面是为了中和硅片表面碱液，另一方面 HCl/O_3 中的氯离子能够与 Fe^{3+}、Pt^{2+}、Au^{3+}、Cu^+、Cd^{2+}、Hg^{2+} 等多种金属离子形成可溶于水的络合物，从而去除硅片表面的金属离子。再用 HF 溶液清洗，HF 溶液浓度一般为 5%～10%，利用 HF 与 SiO_2 的反应去除硅片表面的氧化层，使硅片表面成为疏水表面。最后水洗硅片，去除表面残余酸液，烘干后进入扩散工艺。单晶硅制绒设备相对较简单，目前主要采用的是批次式工艺，单批 400～600 片硅片同时放入一个由塑料制成的花篮容器中由机械手放入反应槽中进行反应。目前单晶制绒设备已经完全实现国产化，典型设备外观如图 6-7 所示。

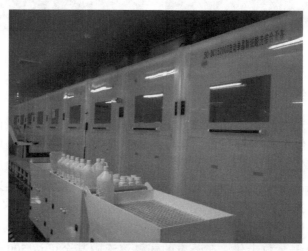

图 6-7　单晶硅制绒清洗设备

2. 多晶硅制绒

多晶硅制绒主要利用各向同性酸性腐蚀，各个晶面的腐蚀速率都相同，在多晶硅表面制出理想的"蜂窝"状绒面结构。

酸制绒反应方程式(6-4)～式(6-6)如下所示：

$$3Si + 4HNO_3 \Longrightarrow 3SiO_2 + 2H_2O + 4NO \tag{6-4}$$

$$SiO_2 + 4HF \Longrightarrow SiF_4 + 2H_2O \tag{6-5}$$

$$SiF_4 + 2HF \Longrightarrow H_2SiF_6 \tag{6-6}$$

HNO_3 作为氧化剂,在反应中提供反应所需要的空穴,与硅反应形成致密的 SiO_2 并附着在硅片表面,SiO_2 不溶于 HNO_3,起到隔离多晶硅作用。HF 是络合剂,与 SiO_2 反应产生溶于水的 H_2SiF_6 络合物,从而实现多晶硅各向同性腐蚀。

多晶硅制绒加清洗工序为:酸溶液制绒—水洗—碱洗—水洗—HCl 和 HF 酸溶液浸泡—水洗—风刀吹干。制绒步骤采用 HNO_3/HF 腐蚀液去除表面损伤层的同时形成无规则的绒面。HNO_3:HF:H_2O 的比例一般为 8:1:11,为控制反应速率,溶液温度多控制在 10℃ 以下。新配的 HNO_3/HF 酸溶液与硅的反应速率较慢,而在反应中生成的少量副产物亚硝酸(HNO_2)也能与硅片发生氧化反应,并且能够主导整个氧化反应过程的速率。经过几千片硅片反应后溶液被充分激活,反应速率趋于稳定,形成理想绒面。但是当 HNO_2 浓度持续增高到一定程度后,溶液反应速率再次下降,绒面效果变差,反应液需要彻底换新液。为维持反应稳定,需不断向溶液中补充消耗掉的 HNO_3 和 HF。制绒后用水洗去除硅片表面残余的酸液,然后置于 5% 左右的 KOH 溶液中,去除制绒过程在硅表面最外层形成的亚稳态多孔结构。多孔硅虽然有利于降低表面反射率,但会造成较高的复合速率且对电极接触不利。水洗后硅片进入酸性 HCl 和 HF 的混合液(浓度分别为 10% 左右和 8% 左右)中浸泡清洗,一方面可中和硅片表面的残余碱液,另一方面 HCl 可去除在硅片表面的金属杂质,HF 去除硅片表面的氧化层,形成疏水表面。最后经高纯水清洗、风干,进入扩散工序待用。多晶制绒工艺有批次式也有链式,由于多晶硅酸腐蚀过程中放热剧烈,批次式工艺在反应溶液的温度控制上更具有难度。目前,我国所使用的多晶硅酸制绒设备多为链式设备,一台设备上同时完成制绒及清洗工序。酸制绒设备外观图如图 6-8 所示,整个反应和清洗过程中硅片在滚轮的带动下水平运动。

(a) 链式多晶硅酸制绒清洗设备　　　　　　　　　(b) 设备滚轮

图 6-8　链式多晶硅酸制绒清洗设备及其滚轮

6.3.3　扩散制 p-n 结

制结过程是在一块半导体基体材料上生成导电类型不同的半导体层。扩散制 p-n 结为用加热方法使ⅤA族杂质掺入 p 型或ⅢA族杂质掺入 n 型硅而制成。

1. 扩散机制

扩散是一种由热运动所引起的杂质原子和基体原子的输运过程。由于热运动，原子从一个位置被输运到另一个位置，使基体原子与杂质原子不断地相互混合，从而改变基片表面层的导电类型。浓度差的存在是产生扩散运动的必要条件，环境温度的高低则是决定扩散运动快慢的重要因素。扩散时间也是扩散运动的重要因素，时间越长，扩散浓度和深度也会增加。对于固体硅而言，粒子之间的相互作用较强，扩散运动较慢，为了增强杂质扩散运动，通常采用高温扩散。

一般认为，杂质在硅晶体中扩散有两种机制，即替位扩散和间隙扩散。

1) 替位扩散

在理想的硅单晶中，原子的周期性排列非常规则。实际上，在非绝对零度时晶体格点上的硅原子都在围绕自己的平衡位置做无规则振动。正是这种振动的不规则性使得其中某些原子振动能量较高，以至于能够脱离平衡位置而运动到新的位置上，这样就在原来的位置留下一个"空位"。相邻的原子有可能向该空位移动，填补该空位，则相邻原子位置就出现了空位。从整个过程来看，相当于空位从一个位置移动到另外一个位置，即在晶体中也可看作是不断运动的。实际上，空位移动与第 2 章描述的空穴运动相似。假如某杂质原子占据空位，那么杂质原子会沿着空位运动轨迹在晶体中运动。通常把这种杂质原子占据晶体内晶格格点的位置，而不改变其结构的扩散方式称为替位扩散，如图 6-9(a)所示。

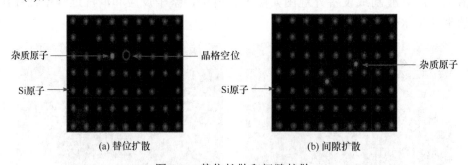

(a) 替位扩散　　　　　　　　　　　　(b) 间隙扩散

图 6-9　替位扩散和间隙扩散

杂质原子的半径大小、外层核层结构和晶体结构等特征与硅原子相似的情况下比较容易发生替位扩散。比如，硼(B)、铝(Al)、镓(Ga)、磷(P)、砷(As)、锑(Sb)在硅中的扩散大多为替位扩散。随着温度的升高，晶格原子振动增强，产生空位越多，替位扩散原子越多。因此，硅晶体扩散多是在高温环境下进行的。

2) 间隙扩散

由于原子之间存在相互作用，使得原子间存在间隙。适当大小的杂质原子在克服本底原子势场作用下能够进入此间隙，并且在晶体间隙中运动，这种扩散称为间隙扩散，如图 6-9(b)所示。与替位扩散不同，间隙扩散原子半径要远小于硅原子半径才能顺利扩散到硅原子晶格之间实现间隙扩散。例如，镍(Ni)、铁(Fe)、银(Ag)、锰(Mn)等在硅中扩散多为间隙扩散。同样，随着温度的升高，间隙原子运动速度增大，更多的原子会扩散到硅晶体更深处。

因此，杂质原子在固体中的扩散可看作扩散原子借助于空位或原子间隙在晶格中的原子运动。晶体硅扩散制 p-n 结使用的扩散杂质一般为 B 或 P，所以扩散形式主要为替位扩散。就两种扩散的快慢而论，一般认为间隙扩散要比替位扩散速度快，这可能与扩散运动需要克服的势垒有关。替位扩散杂质原子要转移到新的平衡位置所需要克服周围原子势垒的能量，比间隙扩散需要克服势垒大，而且间隙扩散不需要主原子脱离原来位置，扩散所需的激活能比替位扩散原子需要的激活能低，所以替位扩散较慢。

2. 磷扩散制结

晶硅太阳电池一般采用扩散方法制 p-n 结，根据扩散源不同可以形成不同导电类型。例如，采用 P、Al、Ga 扩散形成 n 型层，也可以采用 B、As、Sb 等扩散形成 p 型层。

多数硅电池生产厂家都选用磷扩散来制作 PERC 电池的 n 型层。磷扩散主要有三种方法：①$POCl_3$ 液态源磷扩散；②喷涂磷酸水溶液后链式扩散；③丝网印刷磷浆料后链式扩散。其中 $POCl_3$ 液态源磷扩散方法生产效率高、p-n 结厚度均匀、扩散层表面良好，这些特征对于制作大面积 p-n 结至关重要，因此工业生产广泛采用 $POCl_3$ 液态源磷扩散制结。

$POCl_3$ 液态源磷扩散是以氮气为载气，流经液态源容器把 $POCl_3$ 送入石英管中，在 800～900℃的高温作用下发生热分解并与 Si 表面反应，还原出的磷原子向硅片内部扩散，形成 n 型层，完成 p 型硅的制结。图 6-10 是扩散炉管结构示意图，具体的扩散流程示意图如图 6-11 所示。在扩散过程中，硅片表面会形成一层含磷的二氧化硅，称为磷硅玻璃(phosphosilicate glass, PSG)。

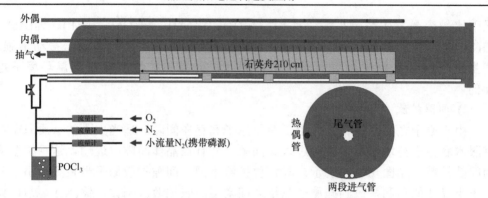

图 6-10　扩散炉管结构示意图

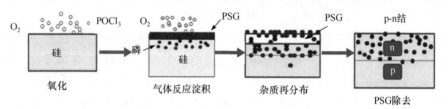

图 6-11　扩散流程示意图

POCl$_3$液态源磷扩散工艺发生的反应如下。

(1) POCl$_3$在高温下（>600℃）分解，生成 P$_2$O$_5$沉积在硅片表面：

$$5POCl_3 = 3PCl_5 + P_2O_5 \tag{6-7}$$

(2) P$_2$O$_5$与 Si 反应生成 SiO$_2$和 P 原子，而 P 在高温下(900℃左右)向硅中扩散：

$$2P_2O_5 + 5Si = 5SiO_2 + 4P\downarrow \tag{6-8}$$

(3) PCl$_5$遇 O$_2$进一步分解，生成 P$_2$O$_5$和 Cl$_2$，同时在 O$_2$的作用下，POCl$_3$也会制结发生氧化反应：

$$4PCl_5 + 5O_2 = 2P_2O_5 + 10Cl_2\uparrow \tag{6-9}$$

$$4POCl_3 + 3O_2 = 2P_2O_5 + 6Cl_2\uparrow \tag{6-10}$$

通过式(6-9)和式(6-10)可以看出，为了促使 POCl$_3$充分分解和避免 PCl$_5$对硅片表面的腐蚀作用，必须在通氮气的同时通入一定流量的氧气，反应产物 P$_2$O$_5$会与 Si 继续反应得以充分利用，而 Cl$_2$通过排气通道回收。

POCl$_3$液态源磷扩散总的反应方程式为

$$2POCl_3 + O_2 + 2Si = 2SiO_2 + 2P + 3Cl_2\uparrow \tag{6-11}$$

在扩散中 SiO$_2$的作用主要有三方面，一是 P 在硅中的固溶度比在二氧化硅中高 10 倍；扩散时 P 先通过氧化层再进入硅内，前氧化可减少"死层"的影响。

二是杂质再分布的同时可以起到吸杂的作用，利用 PSG 对钠、钾等离子的吸附和固定作用除去这些有害离子。三是该步时间不能过短，否则起不到阻挡作用，也不能太长，太长会影响扩散，延长扩散的时间。

3. 背刻+边缘隔离

在扩散过程中，即使采用背靠背扩散，硅片的侧面也不可避免被扩散上磷形成 n 型层，p-n 结正面所收集的光生电子会沿着边缘 n 型区域流到 p-n 结背面，导致电池正面电极和背面电极直接导通，产生所谓的漏电流。为了减少漏电流的发生，需要进行边缘绝缘处理，一般采用干法和湿法两种刻蚀方法。

1) 干法刻蚀原理

等离子体刻蚀是采用高频辉光放电反应，使反应气体激活成活性粒子，这些粒子扩散到需刻蚀部位，与被刻蚀材料发生反应，生成挥发性物质而去除。对于硅片边缘刻蚀，首先母体分子 CF_4 在高能量电子碰撞下激活成活性原子、自由基或它们的离子[式(6-12)]，这些活性粒子扩散到硅片表面，与 Si、SiO_2 反应生成挥发性的 SiF_4 而被抽走。生产过程中，通常在 CF_4 中掺入少量 O_2，以提高刻蚀速率。

$$CF_4 \longrightarrow CF_3、CF_2、CF、F \text{ 及离子} \tag{6-12}$$

等离子体刻蚀过程中，待刻蚀硅片两面要用玻璃片夹具夹紧，确保硅片正反面不被刻蚀。刻蚀的关键工艺参数包括刻蚀时间和射频功率。刻蚀时间不足，并联电阻会下降，产生漏电流；刻蚀时间过长，电池片正反面会受到损伤，如果损伤延伸到正面结区，会导致损伤区域高复合。射频功率过高，等离子体中的离子能量较高，会对硅片边缘造成较大轰击损伤，导致边缘区域电性能变差，电池性能下降，在结区造成的损伤会使结区复合增加；射频功率过低，等离子体不稳定且分布不均匀，从而使某些区域刻蚀过度而某些区域刻蚀不足，即刻蚀不均匀。

刻蚀完成后的硅片要用冷热探针测试仪对边缘进行 p/n 型测试，确保刻蚀完全，不存在漏电现象。

2) 湿法刻蚀原理

目前产业化量产中湿法刻蚀分为两种：

一种是链式酸刻蚀，其工艺流程为：上片→刻蚀槽($HF/HNO_3/H_2SO_4$)→水洗→碱槽($NaOH$)→水洗→HF 槽→水洗→下片。硅片漂浮在 $HF/HNO_3/H_2SO_4$ 组成的刻蚀酸液上，大致的腐蚀机制是 HNO_3 氧化 Si 生成 SiO_2，HF 去除 SiO_2，以便于去除背面及边缘的 PSG，同时对背面进行抛光；通过 NaOH 水溶液去除多孔硅以及中和硅片表面的酸液；经过 HF 水溶液去除硅片正面的 PSG。抛光后背面平整度增加，对长波光的反射增加，促进了透射光的二次吸收，从而提升 I_{SC}；同时由于背面比表面积减小，降低了背面复合，且能够提升背面钝化效果。

　　另一种是碱刻蚀，首先在链式设备中进行背面酸洗，硅片在常温经过背面酸洗设备，酸槽中 HF 浓度为 3%～20%，用于去除扩散后硅片背面及边缘 PSG。其次在槽式设备中进行碱抛光，使用 NaOH、抛光液以及水混合所配溶液对硅片背表面及边缘进行抛光。在槽式碱抛光过程中，由于硅片正面存在 PSG，将保护硅片正面的 p-n 结不被无机碱腐蚀抛光，在碱抛光后通过 HF 溶液再去除正面的 PSG，完成整个刻蚀过程，如图 6-12 所示。

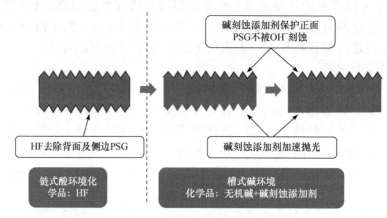

图 6-12　碱刻蚀抛光原理图

4. 去除磷硅玻璃

PSG 的去除主要通过化学腐蚀的方法。

　　氢氟酸(HF)是一种无色透明的液体，具有较弱的酸性、易挥发性和很强的腐蚀性。HF 的一个很重要的特性是能够溶解 SiO_2，去除磷硅玻璃工艺主要就是利用 HF 的这一特性。

　　去除 PSG 工艺的反应过程如下。

　　(1) HF 与 SiO_2 反应生成易挥发的 SiF_4 气体：

$$SiO_2 + 4HF \Longrightarrow SiF_4\uparrow + 2H_2O \qquad (6\text{-}13)$$

　　(2) 在 HF 过量的情况下，反应生成的 SiF_4 会进一步与 HF 反应生成可溶性的络合物六氟硅酸(H_2SiF_6)：

$$SiF_4 + 2HF \Longrightarrow H_2SiF_6 \qquad (6\text{-}14)$$

　　总的腐蚀方程式为

$$SiO_2 + 6HF \Longrightarrow H_2SiF_6 + 2H_2O \qquad (6\text{-}15)$$

　　去 PSG 的工艺流程为：HF 酸洗—去离子水漂洗—去离子水喷淋—甩干。去 PSG 工艺的检测主要采用目测的方式。当硅片从 1 号 HF 酸洗槽中提起时，观察表面疏水性，如果硅片表面脱水，则说明 PSG 已去除干净；如果硅片表面还沾有水珠，则表明 PSG 去除不彻底，需要增加 HF 的浓度。硅片甩干后，在灯光下目测，若表面存在水痕或其他污渍，则该硅片不符合要求，需要重新处理。

6.3.4　减反射膜

太阳光照射到硅表面会有约 35% 的反射损失，通过表面制绒，可以增加一定的光吸收，但是仍然有 10%～15% 的入射光损失。如果在硅片表面沉积一层或多层高折射率介质膜，利用光在薄膜表面的干涉原理，可以使光反射率进一步降低至 3%～5%，从而增加入射光利用率，增大电池短路电流，提高电池光电转换效率。

通常把这种能够降低太阳光在硅表面反射的薄膜称为太阳电池的减反射膜，又称抗反射膜。

PERC 电池通常采用氮化硅减反射膜。由于氮化硅减反射膜是无定形非晶态，在制备过程中会有游离态氢溶入薄膜中，膜中 Si、N 比例不确定，因此氮化硅减反射膜应该表述为 α-SiN:H，为了简单书写，常写作 SiN 或 SiN_x。

氮化硅减反射膜的制备方法主要有直接氮化、物理气相沉积(physical vapor deposition，PVD)、化学气相沉积(chemical vapor deposition，CVD)等，其中 CVD 是最常用的减反射膜制备方法。它是把含有构成薄膜元素的气体供给基底，利用加热、等离子体或紫外光等发生化学反应制得薄膜。常用的 CVD 方法有常压化学气相沉积(atmospheric CVD，APCVD)、低压化学气相沉积(low pressure CVD，LPCVD)和等离子体增强化学气相沉积(plasma enhancement CVD，PECVD)等，硅电池多采用 PECVD 的方法来沉积 SiN_x 减反射膜。

1. PECVD 方法制备 SiN_x 膜的原理

PECVD 沉积技术的原理是利用辉光放电产生低温等离子体,在低气压下将硅片置于辉光放电的阴极上，借助于辉光放电加热或另加发热体加热硅片，使硅片达到预定的温度，然后通入适量的反应气体，气体经过一系列反应，在硅片表面形成固态薄膜。

以硅烷、氨作为反应气体，采用 PECVD 沉积 SiN_x 薄膜的反应式为

$$3SiH_4 === SiH_3^- + SiH_2^{2-} + SiH^{3-} + 6H^+ \tag{6-16}$$

$$2NH_3 === NH_2^- + NH^{2-} + 3H^+ \tag{6-17}$$

总反应式：

$$3SiH_4 + 4NH_3 === Si_3N_4 + 12H_2 \uparrow \tag{6-18}$$

实际上，所形成的膜并不是严格按氮化硅的化学计量比 3:4 构成的，氢的原子数百分含量高达 40 at%，写作 SiN_x:H(简写为 SiN_x)。通常将反应式表述为

$$SiH_4 + NH_3 \xrightarrow{\text{辉光等离子体}} SiN_x:H + H_2 \uparrow \qquad (6\text{-}19)$$

2. PECVD 方法制备 SiN$_x$ 膜的特点

(1) 折射率大。采用 PECVD 制备方法，通过调节 SiH$_4$、NH$_3$ 的比例，改变 SiN$_x$ 膜中 Si 和 N 的比例，可使 SiN$_x$ 薄膜的折射率在 1.8～2.3 之间变化。与 SiO$_2$ 等减反射膜相比，其折射率更接近制作太阳电池的减反射膜的要求。

(2) 掩蔽作用好。致密 SiN$_x$ 薄膜能较好地阻止 Na 和其他一些杂质离子向电池片扩散，还具有良好的绝缘性、稳定性和抗紫外线性能。此外，SiN$_x$ 薄膜的防潮性能远优于 ZnS、MgF 等减反射薄膜。这些性能特别有利于提高太阳电池长期工作的稳定性。

(3) 沉积温度低。SiN$_x$ 薄膜采用 PECVD 方法沉积，形成等离子体状态，可以促进气体分子的激发和电离、分解和化合，生成反应活性基团，显著降低了反应温度，可实现低于 450℃沉积薄膜，这不仅降低了生产能耗，还降低了由于高温引起的硅片中少数载流子寿命衰减。而且，PECVD 方法的沉积速率高(1～20 nm/min)、沉积膜层均匀、缺陷密度低，有利于提高生产效率，适合于规模化生产。

(4) 增强钝化效果。SiN$_x$ 膜中 H 的含量高，可达到 25 at%以上。利用这项特性，与烧穿工艺相结合，可对硅片产生很好的表面钝化和体钝化作用。特别是对多晶硅材料，由于晶界上的悬挂键可被氢原子饱和，可显著减弱复合中心的作用，提高太阳电池的短路电流和开路电压。这项工艺可将电池转换效率提高一个百分点左右。还可结合磷钝化等工艺，增强钝化效果。

基于上述原因，采用 PECVD 法制备的 SiN$_x$ 薄膜特别适用于作为太阳电池的减反射薄膜。

常规电池的正面钝化膜采用氮化硅(SiN$_x$:H)薄膜，其具有良好的钝化特性和减反特性，因此也已经大规模在光伏晶硅电池中使用。氮化硅由于含有正电荷，对于 n 型层具有良好的钝化效果，但不能钝化 p 型层，否则会在表面形成感生 p-n 结反型层，从而降低场钝化效果，产生漏电。正面除了氮化硅钝化外，SiO$_2$ 由于能很好地钝化硅片表面，降低表面缺陷态密度，也已经大规模应用于量产，SiO$_2$/SiN$_x$ 叠层膜是目前主流的正面钝化膜。一般磷扩散管就可以实现热氧生产氧化硅，在 p 型 PERC 电池上应用氧化硅，绝对效率可以提升 0.1%～0.2%。此外，底层高折膜、顶层低折膜的叠层 SiN$_x$ 薄膜也广泛应用于电池正面，其底层膜的厚度通常较薄，只有 10～20 nm，高折膜具有良好的钝化效果，而低折膜则具有良好的光学反射效果。

6.3.5　背面钝化

目前单晶硅片质量越来越好，硅片厚度越来越小，质量较好的硅片的少数载流子扩散长度甚至大于硅片厚度,加之前表面钝化作用已被开发到接近极限,背表面的复合对电池性能影响越来越明显。通过背表面钝化来增加长波吸收成为提升效率的重要方向。传统晶硅电池的背表面是全铝背场,背表面少数载流子复合严重,PERC 电池采用背表面钝化来减少背表面少数载流子复合,提升电池效率。

对 p 型硅片背表面的钝化,除了要考虑表面缺陷态较低的化学钝化外,还要考虑采用具有负电荷的薄膜,以加强对少数载流子电子的排斥,形成电致钝化。研究发现,Si-Al$_2$O$_3$ 体系的表面固定电荷 Q_f 为负电荷,且电荷密度很高,很适合用于钝化 p 型硅表面。

原子层沉积(atomic layer deposition,ALD)、PECVD 及反应性溅射技术都可沉积 Al$_2$O$_3$,其中 ALD 方法具有诸多优点,是制备高质量 Al$_2$O$_3$ 钝化膜的首选。

1. 传统 ALD 沉积工艺

ALD 是化学气相沉积的一种特殊形式。通入的反应气体称为前驱体,ALD 过程中,前驱体通过交替脉冲的方式进入反应腔,彼此在气相时并不相遇,通过惰性气体 Ar 或 N$_2$ 冲洗隔开,并实现前驱体与在基片表面的单层官能团发生饱和吸附化学反应。这种反应属于自限制性反应,当一种前驱体与另一种前驱体反应达到饱和时,反应自动终止,可在原子层尺度上控制沉积过程。通常采用两种前驱体反应物,通过轮番反应形成多层膜。在一种反应物反应之后要通过抽气将其抽空,再通入另一种反应物,两种反应物相互作为反应的表面官能团,将其抽空后完成一个循环。这些循环可以一直持续下去,直至达到所需的厚度。基于原子层生长的自限制性特点,用 ALD 制备的薄膜具有厚度可精确控制、表面平滑、均匀性好、无针孔、重复性好且可在较低温度(100~350℃)下进行沉积等特点。

ALD 沉积 Al$_2$O$_3$ 层通常使用三甲基铝[Al(CH$_3$)$_3$,TMA]作为铝源,水、臭氧或来自等离子体的氧自由基都可作为氧源。使用水或臭氧直接进行的反应称为热ALD,而借助于等离子体进行的反应称为等离子体辅助 ALD。原子层沉积 Al$_2$O$_3$的过程如图 6-13 所示。

开始时,在空气中水蒸气被硅片表面吸附,在硅片表面形成硅羟基(Si-OH)。将硅片放入反应腔后,将含 TMA 前驱体的气体脉冲输入反应腔,与硅片表面的OH 基团发生反应,生成产物甲烷,反应不断进行,直到表面被全部钝化,Al 原子和甲基基团覆盖在整个硅表面上。TMA 与 TMA 相互之间不会发生反应,反应被限制,在硅片表面只能生成单层,因此 ALD 生成的膜层非常均匀。然后用惰性气体吹扫,再将反应剩余的 TMA 分子和反应产物甲烷一起通过真空泵抽出腔室外,完成反应的前半段,也称为"半反应"。

将 TMA 分子和甲烷抽出后,氧源(以 H$_2$O 为例)被脉冲输入反应腔,开始进行第二个"半反应"。水分子会很快与悬挂的甲基基团 Al—CH$_3$ 发生反应,形成 Al—O

键和新的羟基基团，吸附在硅基底表面。氢与甲基基团反应生成甲烷，与过量的水蒸气一起被真空泵抽出，完成了一个完整的周期，生成了第一层 Al_2O_3 单原子层。

重复上述过程，通过控制循环次数，即可获得厚度精确可控的 Al_2O_3 钝化膜。

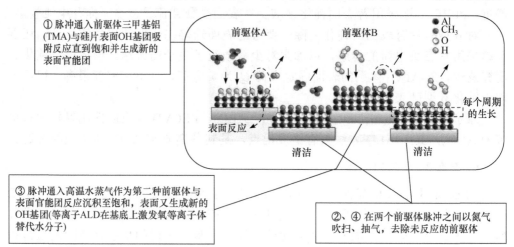

图 6-13　原子层沉积 Al_2O_3 的过程图

2. 空间 ALD 技术

传统 ALD 反应设备的沉积速率较低(<2 nm/min)，不能适用于太阳电池的工业化生产，为了克服 ALD 的速率限制，有公司提出了空间 ALD 设计理念以应对光伏行业对 ALD 的要求。

空间 ALD 与时间 ALD 技术的区别在于隔离前驱体的方法上，传统的时间 ALD 技术是在单片或多片的单一腔室中交替输入 TMA 和 H_2O，而空间 ALD 技术则是将两种前驱体分割在两个空间中。空间 ALD 装置原理示意图如图 6-14 所示。荷兰国家应用科学研究院已开发出试验样机，TMA 和水蒸气从反应腔的顶端进入，这两种前驱体被压缩氮气流所形成的气体支撑盘分开，从而实现空间隔离，通过旋转位于圆形反应腔下部的硅片，使沉底暴露在不同前驱体位置来实现薄膜生长。由于两个反应区域已被氮气流密封，可有效地避免工艺气体之间的相互干扰，可在常压条件下实施沉积。有的空间 ALD 设备还在硅片背面增设附加的气体支撑盘，实现了双面漂浮硅片往复式和单方向的传输，以获得更高产能。空间分离 ALD 技术的节拍主要取决于前驱体的反应速率，而非防止寄生 CVD 生长的排空时间，因此空间 ALD 生长的沉积速率较时间 ALD 技术要快得多，空间 ALD 生长速率典型值为 $30\sim70$ nm/min。空间 ALD 技术的另一个优势是不用真空泵，这使得沉积仅发生在样品上，腔壁上沉积很少。此外，除了硅片外设备上没有运动部件，这就减少了设备的故障率。

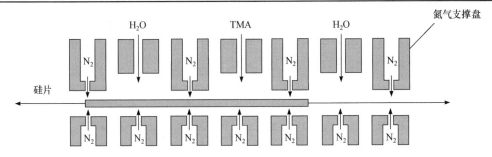

图 6-14　空间 ALD 装置原理示意图

工业级 ALD 设备的有力竞争对手是 PECVD 设备。早在 ALD 技术应用之前，人们就已经开始使用 PECVD 技术制备 Al_2O_3 薄膜，所使用的铝源为 $Al(CH_3)_3$ 或 $AlCl_3$。空间 ALD 和 PECVD 两种工艺都能在较低温度下沉积 Al_2O_3，且钝化作用显著，热稳定性优良。区别在于折射率，PECVD 制得的氧化铝膜折射率为 1.6，而 ALD 制备的膜折射率为 1.64，说明 PECVD 制备的膜的密度较小。

ALD 技术和 PECVD 技术制备的 Al_2O_3 膜各有其优缺点，使其分别适用于不同的情况。当需要超薄的 Al_2O_3 膜，膜厚控制严格并且要求更加均匀时，ALD 方法显然具有优势。特别是对于具有纳米量级厚度的叠层膜，或者掺杂的氧化层时，ALD 法尤其适用。但是对于较厚的 Al_2O_3 膜，PECVD 是一个好的选择。另外，在工业中的成本以及其他一些因素，如占地尺寸、开机率、原料损耗等都是重要的考量因素，甚至有时比技术上的因素更重要。

6.3.6　电极制备

PERC 电池制作电极的工序，即在电池的正面、背面镀上导电金属电极，金属化电极必须与电池的设计参数(如表面掺杂浓度、p-n 结深度等)相匹配。目前工业上普遍使用丝网印刷制作晶体硅电池电极，但由于背面沉积 Al_2O_3 或 Al_2O_3/SiO_2 钝化层，在印刷电极前，需要先进行激光开膜，以使电极和 p 型硅之间形成良好的欧姆接触。

1. 激光开膜

PERC 电池由于背面整面钝化以降低背表面复合速率，为了形成良好的电极接触需要在背面局部开膜。背面钝化膜一般包括 SiO_2/SiN_x、Al_2O_3/SiN_x 或 SiO_xN_y/SiN_x 等钝化薄膜，开膜的图形对背面局部接触影响很大。钝化膜的开膜方法主要有激光开膜法、腐蚀液开膜法以及腐蚀浆料开膜法等。激光开膜技术由于其较低的运营成本，已经在量产上大规模使用。激光开膜的加工原理为具有较高能量密度的激光束照射在被加工材料表面，材料表面吸收激光能量，温度上升，产生熔融、烧蚀、蒸发，从而达到去除表层的目的，如图 6-15 所示。激光作用在钝化膜或硅衬底上，可以使钝化膜或硅吸收能量而发生蒸发或崩裂。皮秒(ps)和纳秒(ns)激光也广泛应用于生产中，皮秒激光对硅的损伤较小，直接作用在钝化膜上开膜；纳秒激光则对硅损伤较大，而成本相对更低一些。

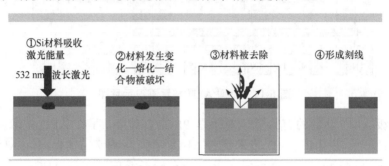

图 6-15　激光开膜示意图

2. 丝网印刷

丝网印刷是利用网版上的网孔渗透浆料、非网孔部分不渗透浆料的原理，在印刷过程中，浆料在网版上方，刮刀以一定的压力压在网版上，使网版变形接触在硅片表面。浆料经过挤压接触到硅片表面，硅片表面吸附力较大，浆料将从网孔转移到硅片表面。此时，刮刀在运行中，先前变形的网版在回复力的作用下，很好地回弹，从而使浆料顺利地落在硅片表面，如图 6-16 所示。该方法的优点是工艺过程简单、可变参数较少、容易操作、设备及材料成本低、适用于规模化生产等。

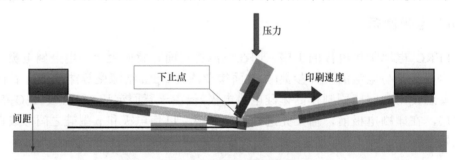

图 6-16　丝网印刷示意图

丝网印刷制备工艺包括三次印刷和三次烘干，即印刷背银—烘干—印刷背铝—烘干—印刷正银—烘干。每次印刷后需要将印刷浆料烘干，烘干的充分与否将影响电池后续烧结效果。

丝网印刷质量取决于网版、浆料和印刷工艺三大因素。

1) 网版

网版由铝框中抻满的丝网构成，丝网上涂覆感光乳胶，然后通过曝光显影将部分感光胶去掉，可得到印刷所需图形。印刷时，浆料会通过无感光胶的开口部分附着到硅片基底上。在实际使用中，丝网的材料、目数等要随着浆料的特性做出调整。

(1) 丝网材料。不同材质的丝网各具优缺点。

不锈钢网布：具有网版张力较大、解像性好的特点，尺寸精度稳定，是目前丝网印刷的主流网布，但是网版张力容易下降，使用寿命短。

尼龙网布(也称锦纶网布)：具有回弹性，通墨性好，但是耐酸性稍差，伸长率较大，图像容易失真。

聚酯网布(也称涤纶网布)：具有拉伸力度小、弹性强、尺寸稳定、使用时间长等优点，但过墨性稍差。

复合网布：具有聚酯网的延伸性和回弹性，保证了印刷时的复墨回弹性和印刷时的受力，同时也具有钢丝网图案切线精度高、寿命长、字体线条清晰以及油墨剥离性能好的优点。

(2) 丝网目数。丝网目数指每 1 英寸(25.4mm)的长度上所具有的网孔数目。如图 6-17 所示，丝网是由丝线和开口组成的一个个单元，每个单元的边长 a 等于一个开口的边长 c 加上丝线的直径 b，如果 1 英寸长度内有 200 个这样的单元，则网版为 200 目。开口率由目数和丝径共同决定，是影响网布过墨量的重要因素。在丝网印刷过程中，目数越多，网孔越小，过墨量越低，印刷越困难，但印刷图形准确性越高。

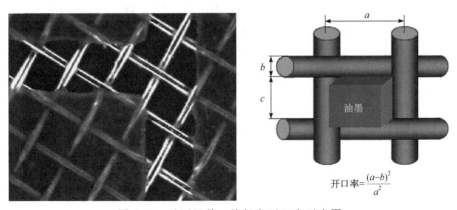

$$开口率 = \frac{(a-b)^2}{a^2}$$

图 6-17　丝网目数、线径和开口率示意图

2) 浆料

浆料是将活性材料转移到硅片表面的载体，是电极形成的关键材料，不仅影响印刷质量，还直接决定烧结工艺，且在一定程度上决定了发射区的掺杂特性。

导电浆料通常包括金属颗粒、无机相和有机相。金属颗粒作为导电功能相，其烧结质量直接影响产品性能，主要为分散良好的银颗粒或铝颗粒。无机相主要是玻璃粉，不仅有高温黏结作用，还是银粉烧结的助熔剂以及形成银-硅欧姆接触的媒介物质。玻璃粉主要是 PbO、Bi_2O_3、TeO_2、SiO_2、V_2O_5、ZnO、B_2O_3 中的一种或多种混合物。有机相主要包括挥发溶剂和非挥发相的树脂(主要为酚醛树脂和环氧树脂),起分散和包裹作用,其将银粉颗粒均匀地包裹起来,使得导电浆料不容易产生沉淀。有机溶剂一般为松节油、1,4-丁内酯、松油醇、丁基卡必醇、丙三醇(甘油)、邻苯二甲酸二丁酯,添加氢化蓖麻油、聚酰胺蜡作为触变剂,乙基纤维素作为增稠剂。浆料制作流程如图 6-18 所示。

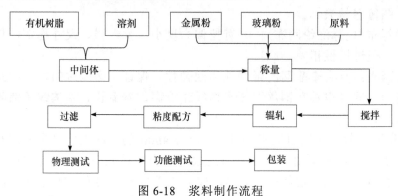

图 6-18　浆料制作流程

3) 印刷工艺

丝网印刷质量和印刷压力、印刷速度、刮刀角度等关键工艺参数有关。

(1) 印刷压力:压力一般指刮刀在印刷时施加在丝网上的恒定压力,刀口压力一般为 10～15 N/cm。印刷压力过大,丝网容易变形,网版和刮刀使用寿命降低;刮刀压力过小,浆料容易残留在网孔中,造成虚印和粘网。

(2) 丝网间距:是指印刷时丝网版底平面与硅片之间的距离。丝网间距越大,下压量越大。丝网间距过大,印刷图形易失真;丝网间距过小,容易粘网。

(3) 印刷速度:印刷速度快,生产效率高,但浆料进入网孔的时间短,对网孔的填充性变差,印刷的栅线平整性变差;印刷速度过慢,下浆量过大。只有在一定的印刷速度下,印刷浆料湿重达到最大,才能实现栅线的线宽小、厚度大。

(4) 刮刀角度:指印刷过程中刮刀与硅片保持的角度。刮刀角度的调节可以改变压力的大小。刮刀角度的选择和浆料的黏度、网版性质等有关。

3. 电极浆料烧结

在硅片上印刷金属浆料后,需要通过烧结工序形成接触电极。太阳电池的烧结工序要求是正面电极浆料中的 Ag 穿过 SiN_x 反射膜扩散进硅表面,但不可到达电池前面的 p-n 结区。背面浆料中的 Al 和 Ag 扩散进背面硅层,使 Ag、Ag/Al、Al 与硅形成合金,实现优良的欧姆接触电极和 Al 背场,有效地收集电池内的电子。

典型的印刷烧结过程及烧结曲线如图 6-19 和图 6-20 所示。首先是浆料印刷到硅片上,然后进烧结炉的第一阶段为 200～400℃ 的温度区,在此阶段有机黏合剂，如乙基纤维素、聚乙烯醇等都将烧掉。这一过程需要氧气来辅助有机物质的燃烧。此外，有机溶剂的挥发同时造成电极坍塌，使电极高度降低、宽度增加。不同浆料导致的坍塌程度不同，其取决于浆料成分。第二阶段为进入 $600\sim900\,^{\circ}\mathrm{C}$ 的温度区。第二阶段是电极形成的重要步骤，在此阶段玻璃料熔化腐蚀下层介质膜，银颗粒经煅烧发生熔融及其他反应。同时，在电池背面，由于环境温度高于硅铝合金温度，硅铝发生熔融形成合金。第三阶段为降温阶段。在此过程中，正面的银颗粒经熔融后析出沉在硅表面实现与硅的接触，形成正电极的接触；背面的硅从硅铝合金中析出并外延生长到硅表面，形成 p 型背场，同时剩余的金属铝形成背接触。烧结过程中由于温度较高，烧结的高温历程还将影响到电池表面的钝化介质膜 $\mathrm{SiN}_x{:}\mathrm{H}$。在烧结工艺中，烧结欧姆接触所需的高温提供了断裂 N—H 和 Si—H 键的热能，因此氮化硅中的氢能够在短时间高温热处理中被释放并扩散到硅片中，钝化硅片界面的悬挂键并深入硅材料体内进行钝化。但是烧结温度超过 $1100\,^{\circ}\mathrm{C}$ 后，氮化硅中的氢将全部释放，反而不利于表面钝化。在一个烧结过程中，不仅同时形成电池的正、负接触，还在同一过程中形成 p 型背场并改善 $\mathrm{SiN}_x{:}\mathrm{H}$ 膜的钝化质量，因此烧结工艺的优化对电池效率的改善非常重要。烧结的好处可以归纳如下：

(1) 高的烧结温度下形成 Ag 接触；

(2) 高的烧结温度下形成 Al 背接触；

(3) 形成 Al 背场；

(4) 改善 $\mathrm{SiN}_x{:}\mathrm{H}$ 膜的钝化质量。

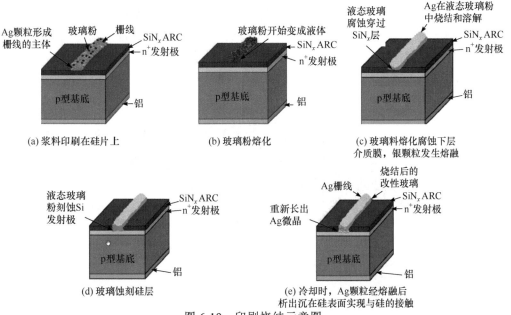

图 6-19　印刷烧结示意图

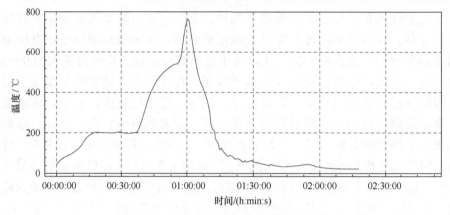

图 6-20　典型烧结过程中温度变化曲线

6.4　其他高效晶硅电池制备技术

目前高效晶硅电池除 PERC 电池外，主要还包括 PERL/PERT 电池、IBC 电池、HIT 电池、TOPCon 电池等。上述结构电池的实验室效率均超过 24%，代表了晶硅太阳电池研发的最高水平。

6.4.1　PERL 电池

PERL 太阳电池是钝化发射极背面局部扩散电池，最早是由新南威尔士大学在 PERC 电池结构和工艺的基础上研发出来的，在电池背面的接触孔处采用了 BBr_3 定域扩散，其电池结构如图 6-21 所示。其结构特点是背面局部接触处重掺杂以降低电池背面局部接触区域的接触电阻和复合速率，背面局部重掺杂可以通过不同的工艺方式实现，比较常用的是激光掺杂和离子注入等。

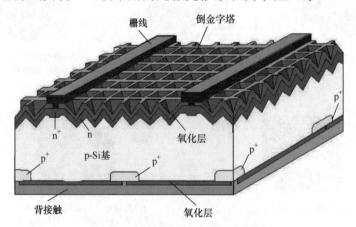

图 6-21　PERL 电池结构示意图

　　PERL 电池在 1999 年就创造了光电转换效率 25% 的世界纪录，是最早实现 25% 效率的晶硅太阳电池，但是这种电池的制造过程相当烦琐，其中涉及好几道光刻工艺，所以不是一个低成本的生产工艺。其制作工艺流程为：硅片—倒金字塔结构制作—背面局域硼扩散—栅指电极浓磷扩散—正面淡磷扩散—SiO_2 减反射层—光刻背电极接触孔—光刻正面栅指电极银线孔—正面蒸发栅指电极—背面蒸发铝电极—正面镀银—退火—测试。PERL 电池根据其受光面不同，可分为单面受光型和双面受光型。单面受光型电池背面一般为全金属背电极覆盖，而双面受光型一般为丝网印刷正反面对称结构，背面可接收反射光线，结合双玻组件技术可提高 5% 以上的总发电量。

　　PERL 电池实现高转换效率的原因有以下几点：

　　(1) "倒金字塔"结构。电池正面由标准的"倒金字塔"构成，其光吸收效率优于一般绒面结构，具有很低的反射率，有助于提升电池的短路电流密度。

　　(2) 双面钝化。发射极的表面钝化降低了表面态密度，同时减少了前表面的少数载流子复合。背面钝化使反向饱和电流密度下降，同时使光谱响应得到改善。

　　(3) 背面实施定域、选择性的硼扩散构成 p^+ 区。定域、选择性扩散可以减少背电极的接触电阻，同时增加了硼背面场，蒸铝的背电极本身又是很好的背反射器，从而进一步增大了电池的短路电流密度，提升电池转换效率。

　　(4) 选择性的磷扩散。金属栅电极下的浓磷扩散可以降低栅电极接触电阻，构成优质的欧姆接触，而受光区域的淡磷扩散能满足横向电阻功耗小且短波响应好的要求。

6.4.2　PERT 电池

　　目前 p 型晶体硅电池占据晶体硅电池市场的主要份额。然而，n 型单晶硅片与 p 型单晶硅片相比，有明显的性能优势，其少数载流子寿命高、对金属污染容忍度高、无光致硼氧复合衰减，这些性能使得 n 型硅电池比 p 型硅电池具有更长寿命和更高效率，使产业化的高效率电池开始从 p 型硅转移到 n 型硅。由于 n 型硅电池制备过程中采用磷扩散背场代替了传统 p 型硅电池的铝背场，因此其适合制备双面电池。基于 n 型硅片的双面结构太阳电池，背面转换效率较高，其双面率可以达到 85%～95%，可以吸收背面散射和漫反射光，从而输出更高的电量，在组件产品的发电效率上存在突出优势。因此 n 型硅双面电池近年来备受关注，而 PERT 电池就是目前研究的高效 n 型双面电池的代表之一。

　　PERT 电池是钝化发射极全背场扩散电池，电池结构如图 6-22 所示，其结构特点是背表面扩散全覆盖以降低电池的背面接触电阻和复合速率。n-PERT 双面电池的工艺流程比常规电池工艺略微复杂，其中产业化的关键技术有两个，一个是双面掺杂技术，另一个是双面钝化技术。其工艺步骤如下：

(1) 在 n 型衬底硅片的前表面进行硼掺杂制备 p 型发射区；

(2) 在背面进行磷掺杂制备 n^{++} 背场；

(3) 通过 PECVD 技术在前后表面制备钝化层和减反射膜；

(4) 前表面丝网印刷 Ag/Al 电极；

(5) 背表面丝网印刷 Ag 电极。

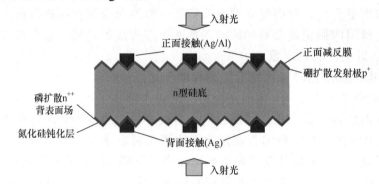

图 6-22　PERT 电池结构示意图

从 2010 年起，PERT 电池逐渐进入量产和扩展阶段，我国是最早的 n 型 PERT 电池产业化的推动者。英利从 2009 年开始致力于高效 n 型 PERT 电池的研发及产业化，2017 年实验室效率提升至 22.5%。目前我国一线企业的 n 型 PERT 电池生产效率为 21.5%左右，双面率较高，普遍达 90%。但在 2006～2018 年，出于商业成本、技术成熟度等方面的原因，大部分太阳电池厂商没有利用 n 型单晶硅片带来的技术优势，在一段时间内限制了 n 型晶体硅太阳电池的发展。在可预见的未来，整个市场环境将发生重大的变化，对高效光伏产品的需求会增加。而且，从目前来看，p 型电池光电转换效率的提升越来越难。多种原因都将慢慢促成 n 型晶体硅电池技术的不断开发与利用，选择 n 型单晶电池/组件的情况将越来越多。

6.4.3　IBC 电池

IBC 电池是一种电极具有叉指形状的背结和背接触太阳电池，最早是由 Schwartz 和 Lammertz 在 1975 年提出的，其显著特点是电池正面无电极，正负电极金属栅线指状交叉排列于电池背面，避免了常规电池正面栅线约 5%的遮光损失，结合前表面金字塔绒面结构和减反射膜组成的陷光结构，能够最大限度地利用入射光，因此 IBC 电池具有更高的短路电流密度。其常见结构如图 6-23 所示，最初主要应用于聚光系统。由于不用考虑对电池光学方面的影响，设计时可以更加专注于电池电性能的提高，且前面无遮挡的电池外形美观，适合应用于光伏建筑一体化。

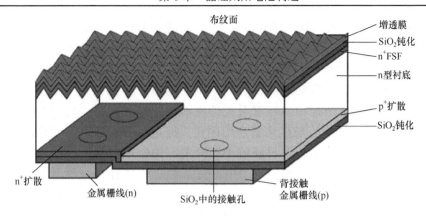

图 6-23　IBC 电池结构示意图

由于 IBC 电池结构的特殊性，前表面附近形成的光生载流子必须穿透整个电池，扩散到背表面的 p-n 结才能形成有效的光电流，因此衬底材料中少数载流子的扩散长度要大于器件厚度，且电荷的表面复合速率要非常低，所以 IBC 电池通常需要采用载流子寿命较高的晶硅片，一般为 n 型 FZ 单晶硅片。在高寿命 n 型硅片衬底的前表面采用 SiO_2 或 SiO_x/SiN_x 叠层钝化减反射膜与 n^+ 层结合，形成前表面场(front surface field，FSF)，并制备金字塔状绒面来增强光的吸收。背面分别进行磷、硼局部扩散，形成指交叉排列的 p^+ 和 n^+ 扩散区，重掺杂形成的 p^+(发射极)和 n^+(背表面场)区可有效消除高聚光条件下的电压饱和效应，两个掺杂区中间一般还存在一个间隙(gap)，其中发射极用来收集空穴载流子，背表面场用来捕获电子。背面采用 SiO_2、AlO_x、SiN_x 等钝化层或叠层，并通过在钝化层上开金属接触孔，实现电极与发射区或基区的金属接触。p^+ 和 n^+ 区接触电极的覆盖面积几乎达到了背表面的 1/2，大大降低了串联电阻，有利于电流的引出。IBC 电池的核心问题是如何在电池背面制备出质量较好、呈叉指状间隔排列的 p 区和 n 区。为避免光刻工艺所带来的复杂操作，可在电池背面印刷一层含硼的叉指状扩散掩蔽层，掩蔽层上的硼经扩散后进入 n 型衬底形成 p^+ 区，而未印刷掩模层的区域，经磷扩散后形成 n^+ 区。通过丝网印刷技术来确定背面扩散区域是目前研究的热点。

从电池结构上看，IBC 有以下几个优点：①p-n 结、基底与发射区的接触电极以叉指形状全部处于电池的背面，正面没有金属电极遮挡，因此具有更高的短路电流密度(J_{SC})；②正面不需要考虑电池的接触电阻问题，可以最优化设计前表面场和表面钝化，提升电池的开路电压；③正负电极全部在背面，可以采用较宽的金属栅线来降低串联电阻(R_S)，从而提高填充因子(FF)。

Sunpower 公司作为 IBC 电池产业化的领导者，已经研发了三代 IBC 电池，其在 2015 年制得了效率为 25.2%的第三代 IBC 电池；天合光能公司也一直致力于

IBC 晶体硅电池的研发，2018 年，其研发的大面积 IBC 电池效率突破了 25.04%，并经过日本电气安全与环境技术实验室独立测试认证，是迄今为止经第三方权威认证的中国实验室首次效率超过 25% 的单结晶硅电池，也是世界上 156 mm×156 mm 大面积晶体硅衬底上制备的最高转换效率晶硅电池。但 IBC 电池是商业化晶体硅电池中工艺最复杂、结构设计难度最大的电池，制作成本高，约为普通电池的 2 倍，这也是制约 IBC 电池规模化量产的因素。但是随着中国一线光伏制造商的不断进入，以及新型工艺和新型材料的不断开发，IBC 电池将在降低电池制造成本和提升电池转换效率方面不断发展。中国首条量产规模 IBC 电池及组件生产线为国家电投集团西安太阳能电力有限公司西宁公司 200 MW n 型 IBC 电池及组件项目，2020 年初投产后，成为国内第一条电池转换效率大于 23% 的 IBC 量产示范线，其组件功率达到 330W(60 片)。

6.4.4　HIT 电池

HIT 太阳电池是一种利用晶体硅基板和非晶硅薄膜制成的异质结电池，因 HIT 已被日本三洋公司申请为注册商标，所以又称为 HJT 或 SHJ(silicon heterojunction)，HIT 电池在 2019 年受到国内外投资人的高度重视，被认为是最有潜力替代 PERC 电池的下一代技术之一。

硅异质结太阳电池基本结构是在晶体硅晶片上堆叠本征和掺杂的氢化非晶硅层形成钝化接触。由于本征氢化非晶硅的电导率非常低，在提供足够表面钝化的情况下其厚度应尽可能小。正面掺杂氢化非晶硅层的厚度也应该足够小，以减少寄生光吸收。按照只在硅片正面还是在硅片的正、背面都形成异质结，可将其分为单面异质结和双面异质结。

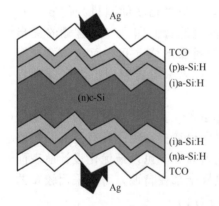

图 6-24　发射极在正面的 SHJ 太阳电池结构(标准双面结构)

1. 发射极在正面的 SHJ 太阳电池结构(标准双面结构)

图 6-24 是发射极在正面的 SHJ 太阳电池结构示意图，它以 n 型单晶硅为衬底，在其正面依次沉积厚度为 5～10 nm 的本征 a-Si:H 薄膜、p 型 a-Si:H 薄膜，从而形成 p-n 异质结。在硅背面依次沉积厚度为 5～10 nm 本征 a-Si:H 薄膜、n 型 a-Si:H 薄膜形成背场。在掺杂 a-Si:H 薄膜两侧分别沉积透明导电氧化物薄膜(transparent conductive oxide，TCO)，最后通过丝网印刷在两侧的顶层形成金属电极，构

成具有对称结构的 SHJ 电池。

2. 发射极在背面的 SHJ 太阳电池结构

为了克服标准 a-Si:H/c-Si 异质结太阳电池中的寄生吸收，研究者提出了发射极在背面的 SHJ 太阳电池结构，如图 6-25 所示，其结构与标准双面 SHJ 一样，只是发射极位于背面。这种结构发射极在背面，没有光通过 p 型 a-Si:H 层，因此不必考虑 a-Si:H(p/i) 的寄生光吸收，它的厚度不再是越薄越好，只需要从最小界面复合速率和最大开路电压的角度进行优化。另外，由于横向电流传输也可以在晶硅中发生，正面的 TCO 层可以牺牲一部分导电性能而提高透明度，同时更多的背面导电层可以选择沉积在 a-Si:H (p/i) 上来改善界面的接触，而不必一定选用透明的 TCO 薄膜。

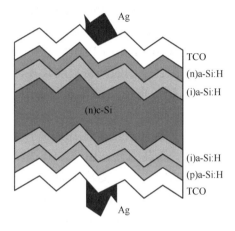

图 6-25　发射极在背面的 SHJ 太阳电池结构

3. IBC-SHJ 太阳电池结构

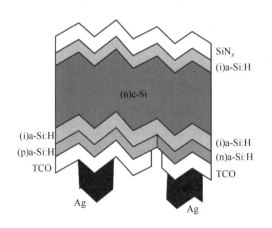

图 6-26　IBC-SHJ 电池结构

将发射极放在背面的 SHJ 电池可以减少寄生光吸收，有利于提高电池的 J_{SC}；为进一步减少正面金属栅线遮光影响，人们自然注意到了将发射极和金属接触完全放在背面的 IBC 电池结构。由于正面无金属栅线遮挡，IBC 电池具有较高的 J_{SC}，而 SHJ 电池的异质结结构具有较高的 V_{OC}，因此两种技术的结合有利于进一步提升电池效率。一般的 IBC-SHJ 电池结构如图 6-26 所示，在制绒硅片的前表面沉积一层本征非晶硅钝化层，但是为了避免寄生光吸收，其厚度一定要薄，在非晶硅层上面沉积减反层(如 SiN_x)。在电池背面，非晶硅层交叉排列，与标准的双面 SHJ 电池一样，使用了本征非晶硅来钝化背面。TCO 层位于非晶硅层和金属接触之间，它可以使非晶硅层免受金属的影响，同时增加导电性能和改善背面的发射性能。

　　相比于 PERC、IBC、TOPCon 等电池，SHJ 电池的工艺流程很简洁，主要包括制绒清洗、非晶硅薄膜沉积、透明导电薄膜制备、电极制备、测试等。SHJ 电池制备的核心工艺在于非晶硅薄膜沉积技术以及透明导电薄膜制备，而这两个关键技术分别有两种技术路线，非晶硅镀膜技术包括 PECVD 和热丝化学气相沉积(not filament chemical vapor deposition，HF-CVD)两种技术，而透明导电膜镀制也有磁控溅射离子镀(magnetron sputtering ion plating，MSIP)和反应等离子体沉积(reactive plasma deposition，RPD)两项技术。虽然 HIT 电池工艺步骤较少，但是其工艺难度较大，工艺控制的严格程度较高，量产过程中可靠性和可重复性是一大挑战。

　　从 SHJ 电池的结构和制备工艺上分析，其有如下优点。

　　(1) 高开路电压。SHJ 电池采用了异质结结构，使电池具有 750 mV 的高开路电压，比硅同质结电池的最高开路电压(约 720 mV)高出了约 30 mV。

　　(2) 低温工艺。由于 SHJ 电池是基于非晶硅薄膜的 p-n 结，因而最高工艺温度约 200℃，不需要传统晶体硅电池通过热扩散(约 900℃)形成 p-n 结，节约能源的同时也使硅片的热损伤和形变较小。

　　(3) 高对称性。标准 SHJ 电池是在单晶硅的两面分别沉积本征层、掺杂层、TCO 层和金属电极，这种对称结构可以减少工艺步骤和设备，便于产业化生产。

　　(4) 温度特性好。太阳电池的性能数据通常是在 25℃ 的标准条件测量的，然而光伏组件的实际工作温度通常都会高于此温度，因此高温下的电池性能非常重要。由于 SHJ 电池是带隙较大的 a-Si:H 与 c-Si 形成的异质结，因而温度系数比晶体硅电池优异。

　　(5) 光照稳定性好。非晶硅薄膜的一大问题是由 Staebler-Wronski 效应导致的光致衰减很严重，而 SHJ 电池没有此效应，而且用 n 型晶硅作衬底的 SHJ 电池不存在硼氧复合体光衰，因此光照稳定性很好。

　　(6) 双面发电。标准 SHJ 电池结构对称，正反面受光后都能发电，封装为双面组件后，年发电量比单面组件多 20% 以上。

6.4.5　TOPCon 电池

　　隧穿氧化层钝化接触(TOPCon)太阳电池，是 2013 年在第 28 届欧洲太阳能光伏展览会(European Photovaltaic Sdar Energy Conference and Exhibition，EU PVSEC)上德国 Fraunhofer 太阳能研究所首次提出的一种新型钝化接触太阳电池，电池结构示意图如图 6-27 所示。首先在电池背面制备一层 1~2 nm 的隧穿氧化层，然后沉积一层掺杂多晶硅，二者共同形成了钝化接触结构，为硅片的背面提供了良好的界面钝化。该钝化结构可以使电子隧穿进入掺杂多晶硅层，同时阻挡空穴，降低了金属接触复合电流，而进入掺杂多晶硅层的电子纵向传输被背面全接触金属收集，因而该结构具有载流子选择性。

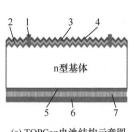

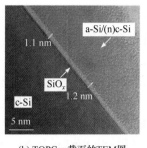

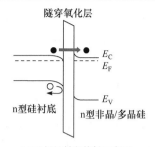

(a) TOPCon电池结构示意图　　(b) TOPCon截面的TEM图　　(c) 选择性钝化接触示意图

图 6-27　TOPCon 电池结构图

1.金属栅线；2.p$^+$发射极；3.钝化薄膜；4.减反射膜；5.超薄隧穿氧化层(SiO$_2$)；6.金属化层；
7.磷掺杂多晶硅层

　　PERC 和 PERT 电池是通过将金属接触范围限制在局部区域，增加背面钝化面积来降低表面复合，但金属接触的开孔区域仍然能产生载流子的复合，使电池效率提升受到限制。与之相比，TOPCon 电池结构可对电池表面实现完美钝化，既能减少表面复合，又无须开孔。另外，TOPCon 电池全接触钝化结合全金属电极的结构，克服了 PERL 电池结构由于局部开孔对载流子传输路径的限制，实现了最短的电流传输路径，极大地降低了传输电阻，从根本上消除了电流横向传输引起的损失，提升了电池的电流和填充因子。

　　相比较于 PERL 电池结构，TOPCon 结构无须背面开孔和对准，也无须额外增加局部掺杂工艺，极大地简化了电池生产工艺，且与传统 BSF 电池生产工艺高度兼容。随着 TOPCon 技术研究的不断深入、配套的制造设备逐渐成熟以及背面金属化浆料的进步，再配合掺杂多晶硅层良好的钝化特性以及背面金属全接触结构的优化，其效率有较大的提升空间。TOPCon 已经与 HIT 并列成为 PERC 之后的下一代光伏技术，或将成为 PERC 技术之后高效电池技术和产品的有力竞争者。

1. TOPCon 电池制备难点

　　TOPCon 电池制备面临两大难点。一是减少金属接触半导体的复合，对于硼掺杂面，目前采用常规的选择性发射极(selective emitter，SE)技术，即激光 SE、化学蚀刻技术等。另外也在开发新型的钝化接触方案：既可实现较好的表面钝化，又无须开槽便可分离和输运载流子，即载流子选择性钝化接触。该方案可实现硅片表面的全面积钝化，且此时载流子在两端电极之间属于一维输运，便于获得更高的 FF，进而提高电池光电转换效率。SiO$_x$/(n$^+$或 p$^+$)poly-Si 与 a-Si:H(i)/a-Si:H(n$^+$或 p$^+$)均属于载流子选择性接触结构，同时满足两方面的条件：①低的 J_0——抑制少数载流子的输运，防止其与多数载流子发生复合；②低的 ρ_c——促进多数载流子的有效传输，降低电阻损失。德国哈梅林太阳能研究所(ISFH)为了定量比较不同材料的电学性能，将钝化性能参数(J_0)和接触性能参数(ρ_c)结合在一起，定义了材料载流子选择性(selectivity)的概念，用 S_{10} 表示。$S_{10} = \lg\left[V_{th} / (J_0 \cdot \rho_c)\right]$，其中，$V_{th}$ 为 25℃时的热电压。不同的载流子选择性材料与硅基底结合构成载流子选择性电池，材料的载流子选择性决定电池极限效率的上限。R. Brendel、R. Peibst 及 J. Schmidt 在 2019 年 Silicon PV 的报告会上基于载流子选择性 S_{10} 的概念从理论上对不同结构太阳电池的理论效率极限做了详细的分析。表 6-1 所示为不同电子/空穴选择性接触材料组成的太阳电池的极限效率计算，电子选择性材料 SiO_x/n^+-poly-Si 与空穴选择性材料 SiO_x/p^+-poly-Si 结合的电池的选择性可以达到 $13.8 \sim 14.2$，高于电子选择性材料 a-Si:H(i)/a-Si:H(n^+) 与空穴选择性材料 a-Si:H(i)/a-Si:H(p^+)结合的电池，即 SHJ，因而具有更高的极限效率(28.3%～ 28.7%)，高于 SHJ 的 27.5%极限效率，同时也远远高于 PERC 电池(24.5%)，最接近晶体硅太阳电池理论极限效率(29.43%)。

表 6-1　不同电子/空穴选择性接触材料组成的太阳电池的极限效率

空穴选择性接触	η_{max} / %$S_{e\&h}$						
	电子选择性接触						
	p 型扩散 n^+	a-Si:H(i) /a-Si:H(n)	th-SiO$_x$/ poly-Si(n$^+$) PECVD	th-SiO$_x$/ poly-Si(n$^+$) LPCVD	chem-SiO$_x$/ poly-Si(n$^+$) LPCVD	SiO$_x$/TiO$_y$	MgO$_x$
Al-p^+	**24.5**(PERC) 11.7	26.8 12.8	26.9 12.8	27.1 12.9	27.1 13.0	26.3 12.5	24.9 11.9
a-Si:H(i/p)	24.7 11.8	**27.5**(HIT) 13.2	27.7 13.3	27.9 13.5	28.0 13.5	26.8 12.8	25.1 12.0
SiO$_x$/poly-Si(p^+)	24.9 11.9	28.1 13.6	28.3 13.8	28.7 14.2	28.7 14.2	27.3 13.1	25.4 12.1
SiO$_x$/Si:C(p^+)	24.9 11.9	28.0 13.5	28.2 13.7	28.5 14.0	28.7 14.1	27.2 13.0	25.3 12.1
a-Si:H(i)/MoO$_x$	24.4 11.7	26.5 12.6	26.6 12.7	26.8 12.8	26.8 12.8	26.0 12.4	24.7 11.8
MoO$_x$	24.1 11.6	25.9 12.3	26.0 12.4	16.1 12.4	26.1 12.4	25.5 12.2	24.4 11.7
PEDOT:PSS	24.1 11.6	26.0 12.4	26.1 12.4	26.2 12.5	26.2 12.5	25.6 12.2	24.5 11.7

但对于正面而言，如果采用 SiO_x/p^+-poly-Si 的空穴选择性钝化接触结构将受到 poly-Si 吸光的制约。即使只有 10 nm 厚度的 poly-Si 也会严重降低电池的短路电流。故会将选择性钝化接触与选择性发射极技术相结合。

二是钝化层面临着两种类型的烧穿，一种是掺杂元素的烧穿，另一种是金属浆料的烧穿，故需开发出稳定的超薄氧化层以及非烧穿型的浆料。目前的关注热点主要是 SHJ 电池和 TOPCon 电池，分别采用本征非晶硅/掺杂非晶硅(i-a-Si:H/ doped a-Si:H) 和 SiO_2/掺杂多晶硅的组合来同时实现全表面钝化和载流子选择输运。后续电池的发展方向将是整合电池，即通过新型载流子选择性钝化接触技术与高效电池 IBC 技术的结合或者叠层电池。

2. POLO-IBC 电池

多晶硅氧化物(polysilicon on oxide，POLO)接触点由薄界面氧化层/掺杂多晶硅层组成，在该多晶硅层上进行金属接触。其优势在于金属接触下方的 c-Si 表面具有低的接触电阻和良好的钝化质量，因此与传统的扩散结相比，增强了接触选择性。实现高效太阳电池的另一个重要方面是两种接触类型在电池背面交错排列，即 IBC 电池设计，其中空穴集电极和电子集电极接触都放置在背面，完全消除金属接触的遮光损失，减少正面掺杂多晶硅层或透明导电氧化物(如 HJT)的寄生吸收。IBC 太阳电池设计与钝化接触的结合，即采用 POLO-IBC 电池结构，使得电池效率超过 26%。

POLO 结的一个优点是其具有温度稳定性，这意味着其与传统的主流高温丝网印刷金属化技术兼容。与非晶层或纳米晶层相比，其增加了横向电导率，使得局部接触的 IBC 电池具有低串联电阻。然而，如果高度缺陷的 p^+ 型和 n^+ 型多晶硅区域直接接触，就会发生强重组。这是因为多晶硅的高导电性不妨碍传输。因此，需要分离 n 型 POLO(nPOLO)和 p 型 POLO(pPOLO)触点。

POLO-IBC 由初始全面积本征多晶硅(i-poly-Si)层组成，该层通过离子注入进行局部掺杂。从工艺精简的角度来看，要避免在多晶硅中出现额外的结区，有吸引力的选择是在发射极和基极栅线之间留下本征(intrinsic)多晶硅区域。这会在 IBC 电池的背面产生横向 p(i)n 多晶硅结，该结与 nPOLO/p 型 c-Si 结并联(图 6-28)。通过应用所描述的方案，p 型 FZ 硅片制备得到了效率为 26.1%的太阳电池。同理 n 型硅片也可制得此类高效电池。

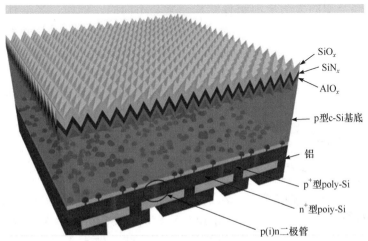

图 6-28　POLO-IBC 太阳电池的结构示意图
n^+ 和 p^+ 型多晶硅接触区域被初始本征多晶硅区域隔开

第7章 晶硅光伏组件

太阳电池组件也称光伏(photovoltaic，PV)组件，是由一定数量的太阳电池通过电学连接和机械封装形成的平板状的发电装置。

单片晶硅太阳电池产生的电流虽然很大，但是电压很低，无法直接满足负载的使用要求。因此在实际应用中，太阳电池都需要多片串联或者并联并且经过特定的工艺进行封装，封装的关键目的是保护太阳电池及其互连导线免受典型恶劣环境的影响。例如，由于太阳电池相对较薄，因此需要得到保护，否则很容易受到机械损坏。另外，太阳电池的顶表面上的金属栅线以及互连的导线可能被水或水蒸气腐蚀。封装还可以提高光伏组件的安全性，避免在使用过程中发生漏电、触电等危险事故。

对于地面晶体硅太阳电池组件的一般要求是：①工作寿命25年以上；②有良好的绝缘和密封性，保护组件雷雨天气不被雷电击穿，且抵抗水汽入侵；③有足够的机械强度，能经受住运输过程中发生的振动和冲击，并抗击风沙、冰雹；④紫外辐照下稳定性好；⑤封装后效率损失小；⑥封装成本低。

7.1 光伏组件的结构与原理

对于不同类型的太阳电池组件结构通常是不同的。例如，半导体薄膜太阳电池通常被封装成柔性阵列，而晶硅太阳电池组件通常具有刚性的玻璃前表面。最常见的晶硅太阳电池组件由60片电池或72片电池串并联而成。

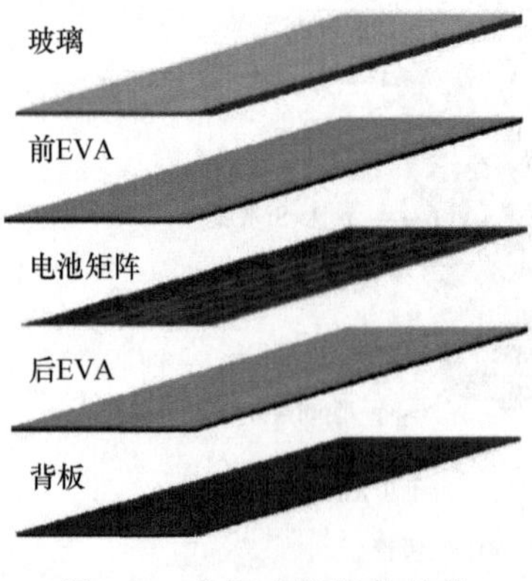

常规的组件装配结构如图7-1所示，从上到下依次为玻璃、前EVA、电池矩阵、后EVA、背板，经真空层压后再安装铝边框和接线盒等部件。玻璃面板为正面保护层，必须保证高透过率。聚氟乙烯复合膜(TPT)背板是背面保护层。乙烯乙酸乙烯酯共聚物胶膜(ethylene vinyl acetate copolymer adhesive film，EVA胶膜)是晶硅电池与玻璃面板和TPT背板直接的黏结剂，也必须为透明材料。

图 7-1 太阳电池组件结构

7.2　光伏组件材料及配件

7.2.1　盖板材料

光伏组件的前表面盖板必须对光伏组件中太阳电池可以使用的波长具有高透射率。对于硅太阳电池，顶表面必须具有在 350～1200 nm 波长范围内的高光透射率。另外，前表面的反射应该低。虽然理论上可以通过在顶部表面施加抗反射涂层来减少这种反射，但实际上这些涂层的坚固性不足以满足大多数光伏系统使用的条件。还有一种减少反射的技术是使表面"粗糙化"或纹理化。然而，在这种情况下，灰尘和污垢更可能将其自身附着在顶表面上，并且不太可能被风或雨水驱除。因此，这些组件不是"自我清洁"的，由于增加的顶面污染而造成的损失很快就抵消了减少反射的优点。

除了其反射和透射特性外，顶表面材料还应具有防水功能、良好的抗冲击性、长时间紫外线照射下的稳定性以及较低的耐热性。水或水蒸气进入光伏组件将腐蚀金属触点和互连条，因此将会极大地缩短光伏组件的使用寿命。在大多数组件中，前表面用于提供机械强度和刚度，因此顶表面或后表面必须具有机械刚性，以支撑太阳电池和布线。

顶面材料有多种选择，包括丙烯酸、聚合物和玻璃。钢化、铁含量低的玻璃是最常用的材料，因为它价格低廉、坚固、稳定、高度透明、不透水和气体，且具有良好的自清洁特性。

用作光伏组件封装材料的钢化玻璃，主要质量要求如下：

(1) 透射率。在可见光波段内透射率不小于 91%。

(2) 钢化质量。根据《钢化玻璃》国家标准相关条款的规定进行试验，在 50 mm×50 mm 的区域内碎片数必须超过 40 个。

(3) 弯曲度。玻璃不允许有波形弯曲，弓形弯曲不允许超过 0.2%。

(4) 厚度。玻璃厚度为 3.2 mm，允许偏差 0.2 mm；对于 60 pcs 的 156 电池组件，尺寸为 1643 mm×985 mm，允许偏差 0.5 mm，两条对角线允许偏差 0.7 mm。

(5) 内部气泡。玻璃内部不允许有长度大于 1 mm 的集中气泡。对于长度小于 1 mm 的气泡每平方米也不得超过 6 个；不允许有结石、裂纹、缺角。每平方米玻璃表面上宽度小于 0.1 mm、长度小于 15 mm 的划伤数量不多于 2 条；宽度为 0.1～0.5 mm、长度小于 10 mm 的划伤不超过 1 条。

7.2.2　黏结材料

晶体硅太阳电池与玻璃盖板和 TPT 背板之间的黏结材料是 EVA，EVA 胶膜是以乙烯乙酸乙烯酯共聚物为基础的树脂添加交联剂、偶联剂和抗紫外剂等成分加工而成的功能性薄膜。EVA 胶膜常温下无黏性，在一定的温度和压力下会产生交联和固化反应，使电池、玻璃、背板黏结成一个整体。EVA 黏结材料具有以下特点：①在可见光内有高透光性，并抗紫外老化；②具有一定的弹性，可缓冲不同材料间的热胀冷缩；③具有良好的电绝缘性和化学稳定性，不产生对电池有害的气体和液体；④具有优良的气密性，能阻止外界湿气和其他有害气体对电池的侵蚀。

　　EVA 的性能主要取决于乙酸乙烯酯的含量和熔融指数(melting index，MI)，VA 含量越大，则分子极性越强，EVA 本身的黏结性、透光率、柔软性就越好。MI 是指热塑性塑料在一定温度和压力下，熔融体在 10 min 内通过标准毛细管的质量值。MI 在组件封装过程中用于描述熔体流动性，MI 越大，EVA 流动性越好，平铺性也越好，但由于分子量较小，EVA 自身的拉伸强度及断裂伸长率也随之降低，黏结后容易撕开，剥离强度降低。由于 VA 单体在共聚时的竞聚率远小于乙烯基单体，因此高 VA 含量的 EVA 树脂，其 MI 不会太高，例如 VA 含量 33%的EVA，其 MI 最小为 25 左右。目前工业界中适用于光伏封装的 EVA 树脂，VA 含量一般为 28%～33%，MI 为 10～100。

　　为了保证组件的可靠性，EVA 的交联率(又称交联度)一般控制在 75%～90%。如果交联率太低，意味着 EVA 还没有充分反应，后续在户外使用过程中可能会继续发生交联反应，伴随产生气泡、脱层等风险；如果交联率太高，后续使用过程中则会出现龟裂，导致电池隐裂等情况的发生。一般 EVA 生产厂家都会推荐一个层压参数的范围，组件生产企业在生产过程中可以根据实际情况进行优化调整。

　　存放 EVA 材料时应注意成卷密封保存，保存温度低于 30℃，相对湿度低于60%，避免直接光照和火焰，避免接触水、油、有机溶剂等物质，避免长期暴露于大气中，避免膜层之间加压。

7.2.3　背板材料

　　光伏组件背面的外层材料称为背板，是光伏组件的关键部件，对电池起保护和支撑作用。背板材料应满足以下要求：①具有良好的耐气候性，能隔绝从背面进来的潮气和其他有害气体；②抗紫外线辐射；③在层压温度下不发生任何变化；④与黏结材料结合牢固。

　　光伏组件对背板要求很高，仅靠一种单一聚合物材料不能满足所有要求，通常背板都是由多层具有不同功能的材料复合而成。聚氟乙烯复合膜 TPT 是现在使用最多的背板材料，TPT 也称热塑聚氟乙烯弹性薄膜，是 PVF+PET+PVF 的三层复合膜。复合膜的纵向收缩率不大于 1.5%。TPT 三层复合结构的外层为聚氟乙烯

(polyvinylfluoride，PVF)膜保护层，具有良好的抗环境侵蚀能力，PVF 用杜邦公司生产的 Tedlar，厚度为 0.17～0.35 mm。中间层是聚对苯二甲酸乙二酯 (polyethylene terephthalate，PET)薄膜，又称聚酯薄膜，具有良好的绝缘性能。内层 PVF 需经表面处理，和 EVA 具有良好的黏结性能。这种复合结构能有效地防止水、氧、腐蚀性气液体(如酸雨)等对 EVA 和太阳电池片的侵蚀。EVA 的弹性和 TPT 的坚韧性结合增强了太阳电池组件的抗震性能。

PVF 在光伏组件背板中的应用已近 30 年，但是由于被杜邦垄断，成本较高，近年来在光伏行业市场的占有率逐渐走低。PVDF 树脂与 PVF 树脂结构相接近，但其含氟量为 59%，远大于 PVF 的 41%，比 PVF 有着更好的耐候性。在 TPT 中通常用 PVDF 替代 PVF，其黄变指数和老化后的机械强度等性能都更为优良。

除 TPT 背板外，光伏组件还会使用到 TPE、BBF 等背板。TPE 背板是一种热塑性弹性体，由 Tedlar、聚酯和 EVA 三层材料构成，与 EVA 接触面的颜色可以为深蓝色，这种颜色与电池颜色相近，作为太阳电池组件的背板材料，封装的组件较美观。TPE 的耐候性能虽略逊于 TPT，但其价格便宜。

BBF 背板是 EVA+PET+THV 制成的复合物，其厚度从 200 μm 到 350 μm 不等。其中，THV 树脂是四氟乙烯、六氟丙烯和氟化亚乙烯的三元共聚物，具有韧性好、光学透明度好等特点。还有一种 BPF 是直接用高品质的含氟树脂在高温下通过交联剂反应成膜于聚酯薄膜表面制成。与传统的多层薄膜通过黏结剂复合而成的工艺不同，其成膜过程是一种化学反应过程，成膜后三层材料形成一体，分子结构是一个交联网状结构，表面氟树脂膜硬度高达 3H，其抗划伤性能优于三层膜通过黏结剂复合的材料，特别适合在风沙较多的沙漠地区使用。

7.2.4　涂锡焊带

晶体硅太阳电池之间连接用的焊带一般采用一种镀锡的铜条，这种铜条根据不同使用功能分为互连条和汇流条，统称为涂锡焊带。互连条主要用于单片电池之间的连接，汇流条则主要用于电池串之间的相互连接和接线盒内部电路的连接。焊带一般都是以纯度大于 99.9%的铜为基材，表面镀一层 10～25 μm 的 SnPb 合金，以保证良好的焊接性能。

焊带根据铜基材不同可分为纯铜(99.9%)、无氧铜(99.95%)焊带；根据涂层不同可分为锡铅焊带(60% Sn，40% Pb)、含铅含银涂锡焊带(62% Sn，36% Pb，2% Ag)、无铅环保型涂锡焊带(96.5% Sn，3.5% Ag)、纯锡焊带等；根据屈服强度又可分为普通型、软型、超软型等。

因为晶体硅太阳电池的输出电流较大，焊带的导电性能对组件的输出功率有很大影响，所以光伏焊带大多采用 99.95%以上的无氧铜，以达到最小的电阻率，降低串联电阻带来的功率损失。焊带还需要有优良的焊接性能，在焊接过程中不但要保证焊接牢靠，还要最大限度避免电池片翘曲和破损，所以一般采用熔点较低的 Sn60Pb40 合金作为镀层。

新型的低温焊接工艺是未来的一个重要发展方向。传统焊带需要在高温下才能形成合金，完成焊接过程，但高温会导致电池翘曲，引起隐裂甚至破片，影响组件生产成品率，并可能影响组件功率输出，比如异质结电池，其结构中含有的非晶层对温度非常敏感，温度过高会引起电池效率降低。因此，传统的涂锡焊带还需要在环保、低温、光学、电学、力学等方面进一步改善，以实现组件的高功率、长寿命。

7.2.5　助焊剂

助焊剂的作用是焊接时除去互连条和汇流条上的氧化层，减小焊锡表面张力，提高焊接性能。晶体硅太阳电池电极性能退化是造成组件性能退化或失效的根本原因之一。助焊剂的 pH 接近中性，不能选用一般电子工业使用的有机酸助焊剂，否则会对电池片产生较严重的腐蚀。太阳电池专用助焊剂应满足以下要求：

(1) 助焊性能优良；

(2) 助焊剂应为中性，对电池基片、银浆及 EVA 无腐蚀性；

(3) 焊接后无残渣余留，免清洗、无污染、无毒害；

(4) 储存时不易燃烧、性能稳定，室温储存期为 1～1.5 年。

助焊剂的使用应在通风、干燥的环境下，应远离火源、避免日晒、避免直接接触皮肤。如有接触，应及时用清水冲洗，如果不小心进入眼睛，除立即用清水冲洗外还应及时求医。

7.2.6　接线盒

接线盒的主要作用是通过接线盒的正负电缆将组件内部太阳电池电路与外部线路连接，将电能输送出去。接线盒通过硅胶与组件的背板粘在一起。接线盒内配备有旁路二极管以保护电池串。接线盒的结构要求是接触电阻小，电极连接牢固、可靠。

接线盒主要由三大部分组成：接线盒盒体、电缆和连接端子。接线盒盒体一般由以下几部分构成：底座、导电部件、二极管、密封圈、密封硅胶、盒盖等。

目前市场上接线盒种类繁多，从是否灌胶方面可分为有灌胶式和非灌胶式，是否灌胶一般根据接线盒的体积和安全性能要求而确定。根据接线盒内部汇流条的连接方式又可分卡接式和焊接式，一般非灌胶的都采用卡接式，灌胶的因为内部空间小，都需要采用焊接式。灌胶式接线盒体积小、成本低，加上组件失效更换的比例不高，因此逐渐成为市场上的主流。

7.2.7　组件边框

组件的边框必须具有足够的强度和稳定性，才能保证光伏组件在强风、骤雨、暴雪等恶劣环境下安然无恙，正常工作。此外组件边框必须有一定的防腐能力，以防在高温高湿地区受到腐蚀，影响边框的整体性能。

目前组件边框采用的材质主要是铝合金，最常用的铝合金型号是 6063-T5 (6063 是铝镁合金牌号，T5 是热处理方式)，要求符合 GB/T 16474—2011《变形铝和铝合金牌号表示方法》。铝合金密度低、强度高、塑性好，容易加工成各种型材，具有优良的导电、导热和抗蚀性能，经过表面处理的铝合金，在表面可形成致密的氧化层，提供有效的防腐蚀性能。6063 铝镁合金的表面处理方式主要为阳极氧化处理，氧化层厚度一般大于 10 μm(即 AA10 等级)。

铝合金边框的主要作用：

(1) 提高组件的机械强度，便于安装和运输；

(2) 保护玻璃边缘；

(3) 结合在其周边注入硅胶，提升组件密封性能。

7.2.8　密封材料

密封材料是用于黏结并密封铝合金和电池层压件、黏结固定组件背板上的接线盒，具有密封作用。光伏组件的密封材料主要指膏状的室温硫化型硅胶(room temperature vulanized silicone rubber，RTV)等硅类密封剂。硅胶具有优异的耐热耐寒性、抗紫外线性能和抗大气老化性，经一定配方优化的硅胶固化后，能在日晒、雨雪等恶劣环境中保持 25 年不龟裂、不变脆，是用作光伏组件密封剂的最佳材料。

选用硅胶的要求：

(1) 固化后黏结牢固、密封性能好，有一定的弹性；

(2) 具有优良的耐候、抗紫外线、防潮、防臭氧性能，在恶劣环境中化学稳定性好；

(3) 具有良好的机械性能，耐振动、耐高低温冲击；

(4) 单组分胶，使用方便。

7.3　光伏组件制备工艺流程

太阳电池组件生产的主要工艺流程如图 7-2 所示。

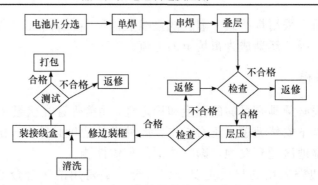

图 7-2　太阳电池组件生产工艺流程

1. 电池测试分选

单片电池分选是晶硅光伏组件生产的第一步，原则上只有电学、光学性能一致的太阳电池才能串联在一起。

电池片分选主要为了剔除不合格的电池，同时保证同一组件内的所有电池性能一致，且没有色差。分选时主要注意以下几点：

(1) 外观检测，挑出有崩边、缺角、脏污和栅线印刷不良的电池；

(2) 根据颜色对每片电池的颜色进行比对，避免同一组件中电池之间有色差；

(3) 对每片电池按照功率、电流挡位、类型以及厂商进行分档，保证同一块组件中使用的电池性能一致；

(4) 对每块组件进行序列号绑定和流转单跟踪，并记录该组件的材料信息，以方便后续质量控制和跟踪。

2. 单片焊接

单片焊接将汇流带焊接到电池正面(负极)的主栅线上，从上至下，匀速焊接。单片焊接的目的是将连接带(锡铜合金带)平直地焊接到电池片的主栅线上，要求保证电气和机械连接良好，外观光亮；焊带的长度约为电池边长的 2 倍，多出的焊带在串联焊接时与后面的电池片的背面电极相连。

3. 串联焊接

串联焊接是将电池片接在一起形成一个电池片的串组，电池的定位主要靠一个模具板，上面有放置电池片的凹槽，槽的大小和电池的大小相对应，槽的位置是设计好的，不同规格的组件使用不同的模板，操作者使用电烙铁和连接带(锡铜合金带)将单片焊接好的电池片的正面电极(负极)焊接到另一片的背面电极(正极)上，以此类推，依次将电池片串接在一起，并在组件串的正负极焊接出为叠层准备的引线，如图 7-3 所示。

图 7-3　串联结构示意图(单位：mm)

4. 叠层

叠层的目的是将一定数量的电池串串连成一个电路并引出正、负电极，并将电池串、背板、EVA 和钢化玻璃按照一定顺序叠放。铺设时保证电池串与玻璃等材料的相对位置，调整好电池间的距离，为层压打好基础。铺设层次由下向上为：钢化玻璃、EVA、电池片、EVA、背板。

5. 中间测试

叠层完成后，整个组件的内部电路已经连通，中间测试的目的是检验组件的电性能，检验结果将反映前面工序单片焊接、串焊、叠层质量，如有无虚焊、短路等。之后利用电致发光(electroluminescence，EL)测试，对电池片组件进行红外测试，防止电池片组件在内部有电池片破裂、隐裂、黑心片、烧结断栅严重等情况下进入下道工序。

6. 层压

层压的主要目的就是对叠层完的组件进行封装，在层压过程中，组件中的 EVA 发生固化交联变性，使得层压后的组件具有一定的密封性和抗渗水性。层压工艺是组件生产过程中最为关键的一环，而且是不可逆的。层压工艺一旦出现质量问题，将可能导致整个组件报废，造成巨大的经济损失。为了最大可能地提高组件的层压质量，对于层压参数的选择一定要合适。因此，了解层压的工作原理和层压参数的变化对 EVA 性能变化的影响是非常重要的。同时，了解层压机的性能也非常重要。

7. 修边装框

层压工序中 EVA 熔化后会在大气压力下向外延伸固化形成毛边，层压完毕后应将其切除，切除时注意不要划伤背板。然后给层压后的半成品玻璃组件装上铝框，增加组件的机械强度，方便运输、安装。通过在铝边框槽内和背板与边框接缝处注入硅胶(硅酮树脂)，进一步密封电池组件，延长电池的使用寿命。边框和玻璃组件的缝隙用硅胶填充，各边框间用角件连接。

8. 装接线盒

在组件背面引线处焊接一个接线盒，一方面用于电池组件与其他设备或电池组件间的连接，另一方面避免电极与外界直接接触造成老化。同时在接线盒中安装有旁路二极管，有效地缓解了热斑效应对整个组件性能造成的影响，黏结接线盒前应检查旁路二极管的电极极性的正确性。

9. 清洗

对已安装好的电池组件进行清洁处理，以保证成品的外观质量。经过清洁的组件要求表面包括 TPT 边框、玻璃面上不得有任何硅胶残余痕迹，整体外观干净明亮，TPT 完好无损，光滑平整，表面无其他人为斑迹。

10. 测试

测试的目的是对电池的输出功率进行标定，测试其输出特性，确定组件的质量等级。目前主要就是模拟太阳光的测试，一般一块电池板所需的测试时间在 7～8s，测试出电池组件的开路电压 V_{OC}、短路电流 I_{SC}、工作最佳功率 P_m、工作最佳电压 V_m、工作最佳电流 I_m、填充因子 FF、转换效率 η 等，根据测试的各项指标，做出铭牌。

7.4　光伏组件电路设计

晶硅 PV 组件由多个独立的太阳电池组成，这些太阳电池几乎总是串联连接，将功率和电压提高到单个太阳电池之上。PV 组件的电压通常被选择适合于 12 V 电池。单个硅太阳电池在 25℃和 AM1.5 照明下的最大功率点电压约为 0.5 V。考虑到由温度引起的 PV 组件电压的预期下降以及电池可能需要 15 V 或更高的电压进行充电的事实，大多数组件包含 36 个串联的太阳电池(图 7-4)。在标准测试条件下，这样的组件的开路电压约为 21 V，在最大功率和工作温度下的工作电压约为 17 V 或 18 V。保留超额电压以应对由 PV 系统的其他元件引起的电压衰降、最大功率点以外的位置工作以及光强的减少。

图 7-4　36 块晶硅电池串联示意图

PV 组件的电压由太阳电池的数量决定，组件的电流主要取决于太阳电池的尺寸及效率。在 AM1.5 且处于最佳倾斜条件下，商用太阳电池的电流密度为 30～36 mA/cm²。单晶太阳电池通常为 15.6 cm×15.6 cm，组件提供的总电流接近 9～10 A。

表 7-1 显示了地面 PV 组件标准测试条件下典型组件的输出参数。I_{MPP} 和 I_{SC} 的变化不大，但是 V_{MPP} 和 V_{OC} 随组件中电池数量的变化而变。

表 7-1　地面 PV 组件标准测试条件下典型组件的输出参数

电池数	P_{MAX}/Wp	V_{MPP}/V	I_{MPP}/A	V_{OC}/V	I_{SC}/A	效率/%
72	340	37.9	8.97	47.3	9.35	17.5
60	280	31.4	8.91	39.3	9.38	17.1
36	170	19.2	8.85	23.4	9.35	17

7.5　组件失配分析

7.5.1　失配效应

失配损耗是由太阳电池或组件的互连而引起的，这些互连的太阳电池或组件的性能不相同或条件互不相同。在某些情况下，失配损耗是 PV 组件和阵列中的一个严重问题，因为在最坏情况下，整个 PV 组件的输出取决于输出功率最低的太阳电池。例如，当一个太阳电池被遮蔽而组件中的其余部分没有被遮蔽时，状态"良好"的太阳电池产生的功率可以由性能较低的电池耗散而不是为负载供电。反过来，这可能导致局部的高功耗，并且由此产生的局部发热可能会对组件造成不可逆转的损坏。

当一个太阳电池的电气参数与其余设备的电气参数发生重大变化时，就会发生 PV 组件不匹配的情况。因不匹配而造成的影响和功率损耗取决于：①PV 组件的工作点；②电路配置；③与其余太阳电池不同的参数。

一个太阳电池和另一个太阳电池之间 I-V 曲线的任何部分的差异都可能导致失配损耗。太阳电池的非理想 I-V 曲线和工作方式如图 7-5 所示，尽管图中所示的任何电池参数中都可能发生失配，但严重的失配最常见是由短路电流或开路电压的差异引起的。失配的影响取决于电路配置和失配的类型，这将在后面详细介绍。

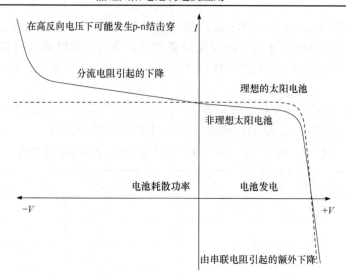

图 7-5　理想和非理想太阳电池失配损耗的比较

7.5.2　串联连接的电池不匹配

由于大多数 PV 组件是串联连接的，因此，串联不匹配是最常见的失配类型。在考虑的两种最简单的失配类型(短路电流失配或开路电压失配)中，短路电流失配更为常见，因为它很容易由组件的遮挡引起。这种类型的不匹配也是最严重的。对于两个串联连接的太阳电池来说，流过两者的电流必须一致，组合的总电压为两者电压之和，如图 7-6 所示。

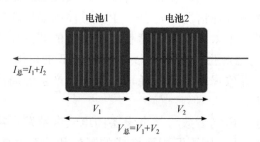

图 7-6　电池串联时的电流和电压失配

1. 串联连接电池的开路电压不匹配

串联连接电池的开路电压不匹配是相对良性的不匹配形式。如图 7-7 所示，在短路电流处，PV 组件的总电流不受影响。而在最大功率点上，总功率会降低，因为不良电池产生的功率较少。

2. 串联连接电池的短路电流不匹配

串联连接的电池短路电流不匹配取决于组件的工作点和不匹配的程度，串联太阳电池的短路电流不匹配会严重影响 PV 组件。如图 7-8 所示，在开路电压下，短路电流下降的影响相对较小。由于开路电压对短路电流的对数依赖性，开路电压有微小变化。但是，由于流过两个电池的电流必须相同，因此组合产生的总电流不能超过不良电池的电流。这种情况在低电压下容易发生，状态"良好"的电池的额外电流不是在每个单独的电池中耗散，而会在较差的电池中耗散(通常在短路电流处也会发生)。

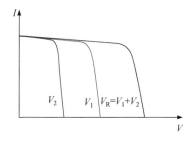 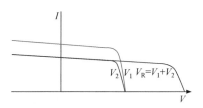

图 7-7　串联电池的开路电压不匹配的影响　　　图 7-8　串联电池的短路电流不匹配的影响

总的来说，在电流失配的串联配置中，严重的功率损失一般发生在不良电池产生的电流小于状态"良好"电池在最大功率点处电流的时候，或者当电池工作在短路电流或低电压处时，不良电池的高功率耗散会对组件造成不可逆转的损坏。

3. 遮挡

遮挡是 PV 组件中的一个重要问题，因为仅遮蔽组件中的一个电池都会导致组件输出功率降低，且会导致热点加热，形成破坏性影响。目前通常可以通过使用旁路二极管来避免热点加热的破坏作用。

1) 单个电池的遮挡

当被树枝、建筑物或组件灰尘遮挡时，电池的输出会下降。输出与遮挡量成比例地下降。对于完全不透明的对象(如叶子)，电池的电流输出下降与被遮盖的电池数量成正比。

2) 组件中电池的遮挡

单个太阳电池的输出为 0.5 V，电池串联在组件中以增加电压。遮蔽一个电池会导致电池串中的电流下降到被遮挡电池的电流大小。仅将组件中的一个电池格遮挡减半会导致整个组件的输出功率降低一半。不管电池串中有多少个电池，完全遮盖一个电池都会导致组件的输出功率降至零。所有未遮挡电池产生的功率将再被遮挡电池消耗。更糟的是，在系统级别，多个组件串联以将系统电压提高到600 V 或 1000 V，但遮蔽一个电池会影响整个组件串。

3) 热点加热

如图 7-9 所示，在太阳电池串中出现一个问题电池时，会发生热点加热。

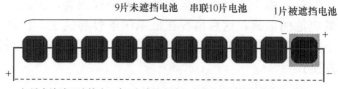

图 7-9　热点加热现象

如果整个串联电路的工作电流接近"问题"电池的短路电流，则电路总电流会受到坏电池的限制。好电池产生的额外电流会变成好电池的前置偏压。如果串联电路短路，则所有好电池的前置偏压都将变成问题电池的反向电压。当大量串联连接的电池在问题电池两端产生较大的反向电压时，导致问题电池处将会有大的能量消耗，这就是热点加热现象。本质上，所有好电池的全部发电能力都耗散在了坏电池中。在小范围内发生的巨大功耗会导致局部过热，又称"热点"，进而导致破坏性影响，如电池或玻璃破裂、焊线熔化或太阳电池退化。

4) 旁路二极管

通过使用旁路二极管可以避免热点加热的破坏作用。如图 7-10 所示，旁路二极管与电池并联且方向相反。在正常情况下，每个太阳电池的电压都是正向偏置，因此旁路二极管的电压为反向偏置，相当于开路。但是，如果由于串联电池之间的短路电流不匹配而导致电压被反向偏置，则旁路二极管会导通，从而使来自好电池的电流流向外部电路，而不是变成每个电池的前置偏压。穿过问题电池的最大反向电压将等于旁路二极管的管压降，从而限制了电流并防止了热点发热。

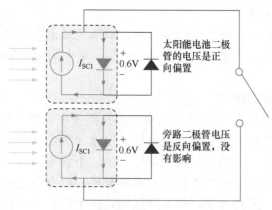

图 7-10　旁路二极管的操作

通过将具有旁路二极管的单个太阳电池的 *I-V* 曲线与其他太阳电池 *I-V* 曲线相组合来确定旁路二极管对 *I-V* 曲线的影响。旁路二极管只在电池出现电压反向时才对电池产生影响。如果反向偏压大于太阳电池的拐点电压，则二极管导通并传导电流。组合的 *I-V* 曲线如图 7-11 所示。

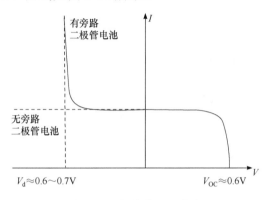

图 7-11 组合的 *I-V* 曲线

然而，实际上如果每个太阳电池都连接一个旁路二极管太昂贵了，取而代之的是，旁路二极管通常跨太阳电池组放置。阴影或小电流太阳电池两端的电压等于共享相同旁路二极管的其他串联电池的正向偏置电压加上旁路二极管的电压，如图 7-12 所示。未遮蔽的太阳电池两端的电压取决于小电流电池的遮蔽程度。例如，如果电池完全被遮蔽，则未遮蔽的太阳电池将因其短路电流而正向电压偏置，电压约为 0.6 V。如果不良电池仅部分被遮挡，则未遮蔽电池的部分电流可以流经电路，其余电流用于对每个太阳电池产生前置偏压。阴影电池的最大功率耗散约等于该组中所有电池的发电能力。对于硅电池，每个二极管最多连接约 15 个电池。因此，对于普通的 36 片电池组件，需使用 2 个旁路二极管来确保组件不会受到"热点"的破坏。

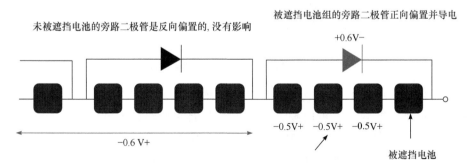

图 7-12 旁路二极管跨太阳电池组放置
电池组的电流受到最低电流电池组的限制。
如果一些电池被遮蔽，那么来自电池组中良好电池的额外电流会使这些电池正向偏置

7.5.3　并联连接的电池不匹配

在小型组件中，电池串联放置，因此并联不匹配不是问题。组件在大型阵列中需要以并联形式连接，因此并联不匹配通常适用于组件级别而不是电池级别。对于并联的电池或组件：

$$V_1 = V_2 \text{ 并且 } I_T = I_1 + I_2$$

7.5.4　阵列中的不匹配效应

在大型的光伏阵列中，单个光伏组件既以串联形式又以并联形式与其他组件连接。一组串联连接的太阳电池或组件称为"串"。串联和并联相结合可能会导致光伏阵列出现多个问题。一个潜在的问题来自于一串电池中有一个发生了开路(断路)。这样，并行连接的电池串(通常称为"块")的电流将比组件中其余块的电流低。这与串联电路中有一个电池被遮挡的情况相同，即整个电池组的功率都将下降，如图 7-13 所示。

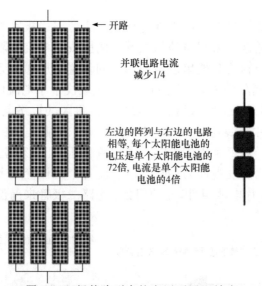

开路

并联电路电流
减少1/4

左边的阵列与右边的电路相等，每个太阳能电池的电压是单个太阳能电池的72倍，电流是单个太阳能电池的4倍

图 7-13　组件阵列中的电压不匹配效应

如果旁路二极管的额定电流与整个并联阵列的电流不匹配的话，则并联电路的失配效应也可能导致严重问题。例如，在具有串联组件的并联串中，串联组件的旁路二极管变为并联连接，如图 7-14 所示。串联组件的不匹配将导致电流流过旁路二极管，从而加热该二极管。但是，加热旁路二极管会减少饱和电流并降低有效电阻，以至于组件中的另一串也受影响。现在，大多数电流将流经稍微高温的一组旁路二极管。这些旁路二极管会变得更热，从而进一步降低其电阻并增加

电流。最终，几乎所有电流都可能流经一组旁路二极管。如果二极管不能承受并联组件的电流，则会烧坏，同时光伏组件也将会损坏。

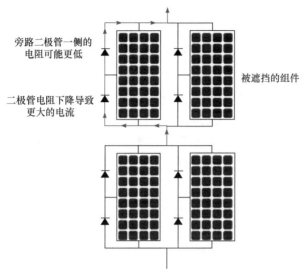

旁路二极管一侧的
电阻可能更低

二极管电阻下降导致
更大的电流

被遮挡的组件

图 7-14　并行连接组件中旁路二极管的作用

除了使用旁路二极管来防止失配损耗外，还可以使用一个称为阻塞二极管的附加二极管来最大限度地减少失配损耗。图 7-15 所示的阻塞二极管通常用于阻止夜间电流从蓄电池流过光伏阵列。对于并联连接的组件，每个组件都应串联一个阻塞二极管。这不仅能降低驱动阻塞二极管所需的电流，而且还防止了电流从一个好电池流到一个坏电池，因此有助于最小化并联阵列中出现的失配损耗。

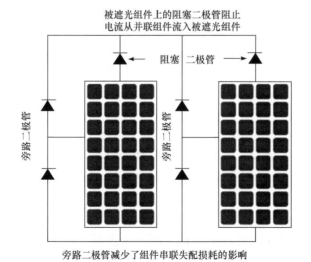

被遮光组件上的阻塞二极管阻止
电流从并联组件流入被遮光组件

阻塞　二极管

旁路二极管

旁路二极管

旁路二极管减少了组件串联失配损耗的影响

图 7-15　并行连接组件中阻塞二极管的作用

7.6　光伏组件温度

将太阳电池封装到 PV 组件中不期望的副作用是，封装改变了流入和流出 PV 组件的热量，从而增加了 PV 组件的工作温度。温度升高会降低电池的输出电压，从而降低输出功率，对 PV 组件产生重大影响。另外，温度升高与 PV 组件的几种故障或降解模式有关，因为升高温度会增加与热膨胀相关的应力，并且温度每升高 10℃，降解率也会增加大约两倍。

组件的工作温度取决于 PV 组件产生的热量、散发到环境中的热量与环境工作温度之间的平衡。组件产生的热量取决于组件的工作点、组件和太阳电池的光学特性以及 PV 组件中太阳电池的堆积密度。热量散发到环境中可以通过以下三种机制进行：传导、对流和辐射。这些损耗机制取决于组件材料的热阻、PV 组件的发光特性以及安装组件的环境条件(特别是风速)。这些因素将在下面讨论。

7.6.1　光伏组件中的热量产生

暴露在阳光下的 PV 组件会产生热量和电能。对于以最大功率点运行的典型商用 PV 组件，仅入射阳光的 15%～20%被转换为电能，其余大部分被转换为热量。影响组件发热的因素如下。

(1) 组件表面的反射。从组件前表面反射的光不会产生电能。这种光被认为是需要最小化的。当然，反射光也不会导致 PV 组件发热。对于具有玻璃前表面的典型 PV 组件，反射光包含约 4%的入射能量。

(2) 组件所处的工作点。太阳电池的工作点和效率决定了太阳电池吸收的光中转化成电能的比例。如果太阳电池在短路电流或开路电压下运行，则它不发电，即太阳电池吸收的所有光能都转化为热量。

(3) PV 组件中未被电池覆盖的区域对阳光的吸收。除太阳电池之外，组件的其他部分吸收的光也将加热组件。吸收多少光以及反射多少光取决于组件背面的颜色和材料。

(4) 组件或电池对低能光(红外)的吸收。能量低于太阳电池带隙能量的光不能产生电能，但是如果被太阳电池或组件吸收，则将加热组件。太阳电池的铝背板也趋向于吸收红外光。在背面没有完全覆盖铝的太阳电池中，红外线可能会穿过太阳电池并从组件中射出。

(5) 太阳电池的堆积密度。太阳电池经过专门设计，可以有效吸收太阳辐射。电池本身通常能比组件的封装层和背表面产生更多的热量。因此，较高的太阳电池封装系数，即较大的堆积密度，也将增加单位面积产生的热量。

7.6.2　光伏组件的热损失

PV 组件的工作温度是 PV 组件产生的热量与周围环境热量交换之间的平衡温度。有三种主要的热交换机理：传导、对流和辐射。图 7-16 展示了 PV 组件产生的热量与周围环境热量交换过程。

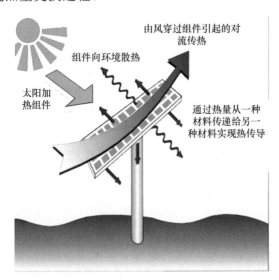

图 7-16　PV 组件产生的热量与周围环境热量交换

1. 热传导

热传导导致热损失是由 PV 组件和与 PV 组件接触的其他材料(包括周围的空气)之间的温度梯度引起的。PV 组件将热量传递到其周围环境的能力可以用太阳电池封装材料的热阻和材料结构来描述。

热量的传导形式与电流很相似。在热传导中，温差驱动热量从高温区域流向低温区域，而在电路中，电势差使电流在具有特定电阻的材料中流动。因此，温度和热量之间的关系由类似于电阻两端的电压和电流相关的方程式给出。假设材料均匀且处于稳定状态，则热传导与温度之间的方程式为

$$\Delta T = \Phi P_{\text{heat}} \tag{7-1}$$

其中，P_{heat} 是"PV 组件中的热量产生"中讨论的由 PV 组件产生的热量；Φ 是发射区表面的热阻，℃/W；ΔT 是两种材料之间的温度差，℃。

组件的热阻取决于材料的厚度及其热阻率。热阻类似于电阻，热阻方程为

$$\Phi = \frac{1}{k}\frac{l}{A} \tag{7-2}$$

其中，A 是表面导热的面积；l 是热量必须通过的材料的长度；k 是导热系数，

W/(m · ℃)。

为了测算更复杂结构的热阻,可以把各个部分的热阻以串联或并联形式相加。例如,由于前表面和后表面都将热量从组件传递到周围环境,则这两块区域的总热阻等于各自热阻并联相加。或者,在组件中,封装材料和前玻璃的热阻以串联形式相加。

2. 对流

对流传热是一种材料在另一种材料表面上移动而导致热量从表面带走。在PV 组件中,对流传热是由吹过组件表面的风所致。该过程传递的热量由以下公式给出:

$$P_{\text{heat}} = hA\Delta T \tag{7-3}$$

其中, A 是两种材料之间的接触面积; h 是对流传热系数, W/(m^2 · ℃); ΔT 是两种材料之间的温度差, ℃。

与热传导过程不同, h 难以直接计算,通常是特定系统和条件的实验确定参数。

3. 辐射

PV 组件将热量传递到周围环境的最后一种方式是辐射。如 2.3 节"黑体辐射"相关内容所述,任何物体都会向外辐射电磁波。黑体辐射的功率强度由下式给出:

$$P = \sigma T^4 \tag{7-4}$$

其中, P 是 PV 组件产生的热能; σ 是斯特藩-玻尔兹曼常数; T 是太阳电池的温度, K。

但是, PV 组件不是理想的黑体,所以要考虑非理想的黑体的辐射,需引入一个称为材料或物体发射率 ε 的参数来修改黑体辐射方程。黑体是理想的能量发射器(和吸收器),其发射率为 1。物体的发射率通常可以通过其吸收特性来衡量,因为两者特性非常相似。例如,金属的吸收率很低,同样发射率也很低,通常在 < 0.03 的范围内。在表面的黑体辐射的功率强度方程式中引入发射率,得出

$$P = \varepsilon\sigma T^4 \tag{7-5}$$

其中, ε 是表面的发射率;其余参数同上。

由于辐射而从组件损失的净热量或净功率是从 PV 组件向外辐射到周围的热量与从环境向组件辐射的热量之间的差,以数学形式表示:

$$P = \varepsilon\sigma\left(T_{\text{SC}}^4 - T_{\text{amb}}^4\right) \tag{7-6}$$

其中, T_{SC} 是太阳电池的温度; T_{amb} 是太阳电池周围环境的温度;其余参数同上。

7.6.3　标称工作电池温度

在 1 kW/m² 光照下，光伏组件典型温度约为 25℃。但是，在野外实际情况中，它们通常在较高的温度和较低的日照条件下工作。为了确定太阳电池的功率输出，重要的是确定光伏组件的预期工作温度。标称工作电池温度(nominal operating cells temperature，NOCT)定义为在电池表面的辐照度 800 W/m²、气温 20℃、风速 1 m/s、安装背面敞开等条件下，组件开路时，电池达到的温度。

最佳组件的 NOCT 工作温度为 33℃，最差组件的工作温度为 58℃，典型组件的工作温度为 48℃。用于计算电池温度的近似表达式为

$$T_{电池} = T_{空气} + \frac{NOCT - 20}{80}S \tag{7-7}$$

其中，S 是太阳辐射照度，mW/cm²。当风速较高时，组件温度将低于此温度，但在静止条件下会更高。

太阳辐射和组件与空气之间的温度差的方程式(7-7)表明，在给定风速下，假定热阻和传热系数不随温度强烈变化，热传导和热对流损耗都与入射太阳辐照呈线性关系。最佳情况、最坏情况和平均光伏组件的 NOCT，如图 7-17 所示。最好的情况是在组件的背面安装铝制散热片，以降低散热度并增加对流的表面积。

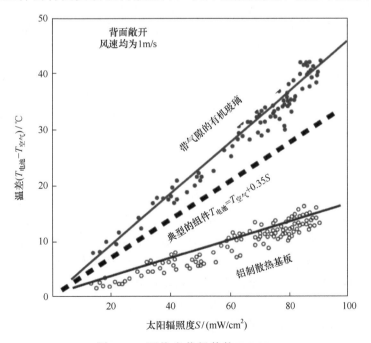

图 7-17　平均光伏组件的 NOCT

7.7　光伏组件的退化和故障分析

因为没有活动部件(其他类型的发电系统中可靠性问题的主要来源)，所以光伏组件的使用寿命在很大程度上取决于制造该组件的材料的稳定性和耐腐蚀性。制造商长达 20 年的保修期表明了目前正在生产的大功率硅光伏组件的质量。尽管如此，仍有几种故障模式和降级机制可能会降低功率输出或导致组件发生故障，主要包括热斑效应、电势诱导衰减、蜗牛纹、接线盒失效、EVA 黄变和背板老化。

7.7.1　热斑效应

热斑效应的特征主要为光伏组件某个局部区域的温度高于其他区域，导致组件出现局部黄变、烧焦、鼓包、脱层等现象。一般来说，产生热斑的原因有以下几种。

(1) 组件局部的电池的一部分被树叶、鸟粪、阴影等长时间遮挡，使得该电池不能发电，反而形成一个内耗区，导致局部温度过高，形成热斑。

(2) 某片太阳电池本身存在缺陷，生产过程中没有被检查出来，发电效率低于其他单体电池，于是该电池会作为负载消耗电流，产生热量，形成热斑。

(3) 组件制造过程中焊接不良以及后期的电势诱导衰减效应也会导致热斑效应。在实际应用中，户外光伏组件表面被树叶、尘土、鸟粪等覆盖遮挡的情况比较常见，这不仅会造成组件输出功率下降，还有可能引起热斑效应。长期遮挡，会造成组件内部 EVA 起泡、脱层，严重时甚至会引起组件烧毁。因此在后期运维时要定期清洗组件表面及周围，避免外部物体遮挡电池，提高组件寿命和系统发电效率。

7.7.2　PID 效应

PID(potential induced degradation)效应即电势诱导衰减现象。当组件处于负偏压状态下，在外界因素影响下，太阳电池和金属接地点(一般是通过铝边框)之间会有漏电流通过，封装材料 EVA、背板、玻璃、铝边框容易成为漏电流通道，此时玻璃中的钠离子会进行迁移，透过封装材料之后聚集在电池的表面，形成反向电场，造成局部电池失效，导致组件功率大幅衰减，这就是 PID 效应。用 EL 检测时会发现组件局部发黑，特别是在组件周围一圈的电池最容易产生。

PID 效应的活跃程度与潮湿程度有很大关系，同时也与组件表面的导电性、酸碱性以及含金属离子的污染物的聚集量有一定关系。目前可以通过以下几个途径来避免 PID 效应。

(1) 提高 EVA 的绝缘性能,目前主要采用高体电阻率的 EVA 作为封装材料,当然,电阻率更高的弹性复合材料(polyolyaltha olfin,POE)作为封装材料,抑制 PID 效应的性能更优越。

(2) 改变 PECVD 所制备的减反射膜的膜厚和折射率。

(3) 实际应用和研究发现,接近逆变器负极的组件,组件所承受的负偏压相对较高,PID 效应更明显一些;把组件阵列的负极输出端接地,可以有效抑制 PID 效应。

(4) 有研究指出,采用不含钠离子的石英玻璃来代替钠钙玻璃,确实是一个有效的办法,但工艺上有很大难度,而且石英玻璃成本也很昂贵,在工业上大批量应用不现实。

7.7.3 蜗牛纹

蜗牛纹(snail trail)指光伏组件内部的电池表面出现的一些特殊图案,这些图案类似蜗牛爬过的痕迹,也称黑线、闪电纹等,其本质是光伏组件某一部分出现的变色现象,这种变色现象并非由 EVA 变色引起,而是组件中电池表面的银栅线变暗造成的。一般先是在电池的中间出现一条蜗牛纹,或是电池最边缘一圈的银栅线变暗,然后沿中间蜗牛纹的四周逐渐出现更多的蜗牛纹,而电池边缘的银栅线逐渐从外圈向中心一根一根地变暗。蜗牛纹在初期对组件的功率影响很小,但长期还是会在一定程度上引起组件功率的衰减。

无论是单晶硅电池还是多晶硅电池,都会出现蜗牛纹。有的组件在安装几个月后就会出现蜗牛纹。蜗牛纹出现的速度主要受环境条件的影响,一般在高温高湿条件下产生的速度会加快。按照目前的认识,多数研究者认为蜗牛纹的产生与 EVA、浆料、背板等因素有关,特别是与水汽侵入电池前表面有密切关系。有研究发现,电池中出现蜗牛纹的位置都是有隐裂的,当电池出现隐裂时,水汽可能通过裂纹进入电池的前表面,与银浆发生电化学反应,产生的物质进入 EVA,从而出现黑色的蜗牛纹。很多电池出现蜗牛纹是从电池边缘开始的,这也是水汽透过电池间隙进入导致的。

蜗牛纹现象主要集中爆发于 2010 年前后,引起行业高度关注之后,通过改进各个工艺环节,目前已得到控制。一般可通过以下途径来控制蜗牛纹。

(1) 提高 EVA 的电阻率,控制生产过程的配方,提高搅拌均匀性,保证 EVA 后期交联的均匀性。

(2) 控制电池银浆的配方。

(3) 避免电池发生隐裂。

(4) 降低背板的透水率。

需要注意的是，电池隐裂和水汽不是产生蜗牛纹的必要条件，只是会促进蜗牛纹的产生。

7.7.4　接线盒失效

接线盒一般采用高分子塑料制成，是光伏组件正负极的引出装置，内部安装有旁路二极管。常见的接线盒失效形式如下。

(1) 接线盒和背板脱离，这通常受粘接用的硅胶的性能影响较大，也有可能是由于背板的表面能太低，或者是接线盒底面本身有脏污。

(2) 接线盒开裂或破损，这与接线盒使用的原材料有关，或者是使用过程中发生了剧烈的碰撞。

(3) 接线盒密封失效，导致水汽进入接线盒内部，金属连接器被腐蚀而生锈，如果汇流条上有水汽，会导致湿漏电。

(4) 接线盒内部的金属带电体之间出现打弧现象，导致接线盒烧焦，甚至引起组件起火燃烧。

(5) 二极管失效，发生短路、断路甚至烧毁。二极管发生短路时，组件的输出功率会大幅降低；二极管如果发生断路，就失去了保护作用。尤其是肖特基二极管，在高压和应力作用的影响下很容易发生静电击穿和反向击穿。所以二极管在生产和安装过程中要注意防止静电，正常情况下操作工人会被要求戴防静电手环。

7.7.5　EVA 黄变

EVA 是高分子材料，在户外使用时长期经受光照和温湿度变化，在紫外、温度、湿度等因素作用下会发生系列化学反应，反应产物中若出现生色基团，最终表现为黄变，颜色根据运行环境和运行时间的不同而出现一定差异。EVA 黄变会引起组件的光学损失，对组件性能的衰减也有一定影响。

光伏用 EVA 在生产过程中，通常会添加一些抗紫外和提高热稳定性的添加剂，如果选择的添加剂种类或浓度不适合，或者浓度不均匀，会导致变色基团的生成或 EVA 的加速老化。

有部分研究人员认为，组件在运行过程中出现 EVA 变色的主要原因有两个：①氧离子和水汽扩散进组件内部；②EVA 在户外高温和紫外光的作用下发生化学反应，生成乙酸类物质，或伴随生色基团。这类黄变不但会加速 EVA 的老化，也会对组件内部的太阳电池及焊带产生腐蚀作用，加快组件的衰减。

国外有研究人员对 1800 块单晶硅组件进行了衰减分析，平均每年的衰减率是 0.5%，其中 60%的组件出现了 EVA 变色的情况，有 10%出现了严重的变色。

通过大量的统计研究发现，EVA 黄变带来的光学损失在 3%～5%，并非导致组件衰减的主要原因，但 EVA 衰减伴随的化学反应对组件性能影响很大，如脱层、腐蚀银栅线等。目前行业在控制 EVA 黄变方面已经取得了非常明显的效果。

7.7.6　背板老化

背板对组件的可靠性起着至关重要的作用，它与覆盖在正面的玻璃一起构成光伏组件的重要屏障。背板大多采用有机材料制作，厚度一般小于 0.4 mm。

大量数据表明，户外光伏组件的失效现象中，有 70%以上来自于背板，在高温、高湿、高紫外辐照的地区，因背板引起的各类失效现象很多，如背板开裂、鼓包、脱层、粉化等。目前背板呈现出种类繁多的局面，在厚度、材质、涂层、结构类型方面各有特色，这给组件的可靠性测试提出了更多的要求。

第 8 章　光伏系统其他部件

太阳能光伏发电系统由太阳电池组、蓄电池(组)、太阳能控制器、逆变器、交流配电柜和太阳跟踪控制系统等组成。上一章较为详细地介绍并讨论了光伏系统最主要的部件——光伏组件，本章将继续介绍光伏系统的其他重要部件。

8.1　光　伏　支　架

太阳电池组中光伏支架能够保护光伏组件经受 30 年的光照、腐蚀、大风等破坏。不同的光伏组件支架结构会影响到系统的输出功率、安装费用和养护要求。光伏支架结构种类繁多，但是任何设计方案都需要满足当地相关技术条例规范。

8.1.1　支架材料

目前我国普遍使用的太阳电池板材料从材质上可以分为：混凝土支架、铝合金支架、不锈钢支架和碳钢支架。

混凝土支架主要应用在大型光伏电站上，因其自重大，只能安放于野外且基础较好的地区，但稳定性高，可以支撑尺寸巨大的电池板。

铝合金支架一般用在民用建筑屋顶太阳能热水器上，因为铝合金具有耐腐蚀、质量轻、美观耐用的特点。但其承载力低，无法应用在太阳能电站项目上。另外铝合金的价格比热镀锌后的钢材稍高。

钢支架性能稳定，制造工艺成熟，承载力高，安装简便，广泛应用于民用、工业太阳能光伏和太阳能电站中。其中，型钢均为工厂生产，规格统一，性能稳定，防腐性能优良，外形美观。值得一提的是，组合钢支架系统，其现场安装时只需要使用特别设计的连接件将槽钢拼装即可，施工速度快，无须焊接，从而保证了防腐层的完整性。这种产品的缺点是连接件工艺复杂，种类繁多，对生产制造、设计要求高，因此价格不菲。

碳钢表面做热镀锌处理，户外使用 30 年不生锈。特点：无焊接、无钻孔、100%可调、100%可重复利用。碳钢太阳能支撑系统不仅是太阳能支架材料节约成本的最优选择，并且具备良好的性能。

8.1.2　支架安装

从连接方式上划分，太阳能支架的安装可以简单地分为焊接和拼装两种。

焊接支架对型钢（角钢）生产工艺要求低，连接强度较好，价格低廉，是目前市场普遍采用的支架连接形式。但焊接支架自身也有一些缺点，如连接点防腐难度大，如果涂刷油漆，则1～2年油漆层会发生剥落，需要重新涂刷，后续维护费用较高；另外在野外施工时，特别是离网地区安装时，焊接用电成本较高；还有施工速度慢、不够美观等。随着我国城市化水平的提高，居民对建筑物美观的要求越来越高，民用建筑中使用的光伏支架系统，则不太适合使用焊接支架。

为了克服这些缺点，市场上出现了以槽型钢为主要支撑结构构件的成品支架。拼装支架的最显著优点是拼装、拆卸速度快，无须焊接；所有支架构件均为工厂生产，防腐涂层均匀，耐久性好；施工速度快，美观。但是要做到以上几点，并不容易。首先要做到槽钢之间连接方便，必须根据各种连接情况，设计出不同的拼接件和固定装置。连接固定装置必须能够牢固地连接拼装件和槽钢，可以在槽钢的任意位置被固定锁紧，且安装拆卸方便。其次，槽钢之间的连接需要确保牢固，如通过齿牙咬合等。最后，整段槽钢的现场切割需要尽量做到精准、方便，还不能切断背孔。这就需要槽钢增加刻度标记，方便施工人员现场切割。

8.1.3　支架结构

1. 固定式

目前最常见的设计是固定式支架结构，如图 8-1 所示。固定式支架通常有一定的倾斜角，安装倾斜角的最佳选择取决于诸多因素，如地理位置、全年太阳辐射分布、直接辐射与散射辐射比例和特定的场地条件等。

图 8-1　固定式支架结构

倾斜角是太阳电池方阵平面与水平地面的夹角，并希望此夹角是方阵一年中发电量为最大时的最佳倾斜角度。一年中的最佳倾斜角与当地的地理纬度有关，当纬度较高时，相应的倾斜角也大。但是，和方位角一样，在设计中也要考虑到屋顶的倾斜角及积雪滑落的倾斜角(斜率大于 50%)等方面的限制条件。对于积雪滑落的倾斜角，也存在即使在积雪期发电量少而年总发电量增加的情况，因此，特别是在并网发电的系统中，并不一定优先考虑积雪的滑落。此外，还要进一步考虑其他因素。对于正南(方位角为 0°)，倾斜角从水平(倾斜角为 0°)开始逐渐向最佳的倾斜角过渡时，其日射量不断增加直到最大值，再增加倾斜角，其日射量不断减少。特别是在倾斜角大于 50°以后，日射量急剧下降，直至最后的垂直放置时，发电量下降到最小。方阵从垂直放置到 10°～20°的倾斜放置都有实际的例子。对于方位角不为 0°的情况，斜面日射量的值普遍偏低，最大日射量的值是在与水平面接近的倾斜角度附近。一般在我国南方地区，太阳电池方阵倾斜角可比当地纬度增加 10°～15°；在北方地区可比当地纬度增加 5°～10°。同时为了阵列支架的设计和安装方便，阵列倾斜角常取成整数。

2. 自动跟踪式

跟踪式支架又可以分为：水平单轴跟踪、倾斜单轴跟踪与双轴跟踪。

水平单轴跟踪支架，通过其在东西方向上的旋转，以保证每一时刻太阳光与太阳电池板面的法线夹角为最小值，以此来获得较大的发电量，如图 8-2 所示。

图 8-2　水平单轴跟踪式

倾斜单轴跟踪支架，是在固定太阳电池面板倾斜角的基础上，围绕该倾斜的轴旋转追踪太阳方位角，以便接收更多的太阳辐射量，如图 8-3 所示。

图 8-3　倾斜单轴跟踪式

双轴跟踪支架，通过其对太阳光线的实时跟踪，以保证每一时刻太阳光线都与太阳电池板面垂直，以此来获得最大的发电量，如图 8-4 所示。

图 8-4　双轴跟踪式

一般而言，采用跟踪支架的光伏电站发电量增益明显，但是占地面积大，支架的造价高，运营维护成本高，而且在不同的纬度地区，跟踪支架对发电量的增益效果也存在一定差别。综合考虑以上因素，在现阶段固定支架和跟踪支架不存在决定性的优劣之分，跟踪支架的性价比不见得高，在实际情况中应针对具体的项目进行分析比对，选择最优的支架方案。

8.2　蓄　电　池

由于地面环境中光伏系统的电力输出是间歇性的且难以预测，如果光伏系统不并入电网，则需要某种形式的储能装置，一般为化学电池。

8.2.1　蓄电池的分类

目前光伏储能系统通常的蓄电池都是电化学储能，它是利用化学元素作储能介质，充放电过程伴随储能介质的化学反应或者变化。主要包括铅酸电池、锂离子电池、钠硫电池、液流电池等，目前应用以锂离子电池和铅酸电池为主。

1. 铅酸电池

铅酸电池是一种电极主要由铅及其氧化物制成，电解液是硫酸溶液的蓄电池。铅酸电池放电状态下，正极主要成分为二氧化铅，负极主要成分为铅；充电状态下，正负极的主要成分均为硫酸铅。应用在光伏储能系统中比较多的有三种：富液型铅酸（flooded lead-acid，FLA）蓄电池；阀控式密封铅酸（valve-regulated sealed lead acid，VRLA）蓄电池，包括吸附式玻璃纤维隔板（absorbent glass mat，AGM）

密封铅酸电池和胶体(gelatum，GEL)胶体密封铅酸电池两种；铅炭电池，是一种电容型铅酸电池，是从传统的铅酸电池演进而来的技术，它是在铅酸电池的负极中加入了活性炭，成本提高不多，但能够显著提高铅酸电池的充放电电流和循环寿命，具有功率密度较大、循环寿命长和价格较低等特点。

2. 锂离子电池

锂离子电池由正极材料、负极材料、隔膜和电解液四个部分组成，根据使用材料不同分为钛酸锂、钴酸锂、锰酸锂、磷酸铁锂、三元锂等五种，磷酸铁锂电池和三元锂电池跻身主流市场。

三元锂和磷酸铁锂两种电池并没有绝对好坏，而是各有千秋，其中三元锂电池优势在于储能密度和抗低温两个方面，比较适合作动力电池；磷酸铁锂电池有三个方面的优势，其一是安全性高，其二是循环寿命更长，其三则是制造成本更低，因为磷酸铁锂电池没有贵重金属，因而生产成本较低，比较适合作储能电池。

3. 钠硫电池

钠硫电池是由熔融电极和固体电解质组成，负极的活性物质为熔融金属钠，正极活性物质为液态硫和多硫化钠熔盐。其具有体积小、容量大、寿命长、效率高等优点。在电力储能中广泛应用于削峰填谷、应急电源、风力发电等储能方面。

钠硫电池能量密度高达 $760W \cdot h/kg$ 左右，转换效率接近100%，电池循环次数高达 2500 次以上。然而不足是成本高昂，达 2000 美元/$kW \cdot h$ 左右；对工作环境要求苛刻，300℃方能启动，如果发生短路故障，温度会高达 2000℃左右，因此对技术有着极高的要求，钠硫储能电池国外应用较多，国内未能大规模推广。

4. 液流电池

液流电池一般称为氧化还原液流电池，是一种新型的大型电化学储能装置，正负极全使用钒盐溶液的称为全钒液流电池，简称钒电池。全钒液流电池是一种新型蓄电储能设备，不仅可以用作太阳能、风能发电过程配套的储能装置，还可以用于电网调峰，提高电网稳定性，保障电网安全。

与其他储能电池相比，液流电池具有设计灵活、充放电应答速度快、性能好、电池使用寿命长、电解质溶液容易再生循环使用、选址自由度大、安全性高、对环境友好、能量效率高、启动速度快等优点。

8.2.2　蓄电池性能参数

蓄电池的性能参数很多，主要有以下四个指标。

1. 电池容量

电池的容量由电池内活性物质的数量决定，通常用安时（A·h）或者毫安时（mA·h）来表示。例如标称容量 250A·h（10 h，1.80 V/单体，25℃），指在 25℃时，10 h 以 25 A 的电流放电，使单个电池电压降到 1.80 V 所放出的容量。

电池的能量是指在一定放电制度下，蓄电池所能给出的电能，通常用瓦时（W·h）表示。电池的能量分为理论能量和实际能量。例如一个 12 V 250A·h 的蓄电池，理论能量就是 12×250=3000 W·h，也就是 3 度电，表示蓄电池可以保存的电量。如果放电深度是 70%，实际能量就是 3000×70%=2100 W·h，也就是 2.1度电，这是可以利用的电量。

2. 额定电压

电池正负极之间的电势差称为电池的额定电压。常见的铅酸蓄电池额定电压是 2 V、6 V、12 V 三种，单体的铅酸蓄电池是 2 V，12 V 的蓄电池是由 6 个单体电池串联而成的。

蓄电池的实际电压并不是一个恒定的值，空载时电压高，有负载时电压会降低，当突然有大电流放电时，电压也会突然下降，蓄电池电压和剩余电量之间存在近似线性关系，只有在空载的情况下，才存在这种简单关联。当施加负载时，电池电压就会因为电池内部阻抗所引起的压降而产生失真。

3. 最大充放电电流

蓄电池是双向的，有两个状态，充电和放电，电流都是有限制的，不同的蓄电池，最大充放电电流不一样，电池充电电流一般以电池容量 C 的倍数来表示。举例来讲，如果电池容量 C=100 A·h，充电电流为 0.15C，则为 0.15×100=15 A。

4. 放电深度与循环寿命

在电池使用过程中，电池放出的容量占其额定容量的百分比称为放电深度。放电深度的高低与电池寿命有很大的关系，放电深度越深，其充电寿命就越短。

蓄电池经历一次充电和放电，称为一次循环（一个周期）。在一定放电条件下，电池工作至某一容量规定值之前，电池所能承受的循环次数，称为循环寿命。

蓄电池放电深度在 10%～30% 为浅循环放电；放电深度在 40%～70% 为中等循环放电；放电深度在 80%～90% 为深循环放电。蓄电池长期运行的每日放电深度越深，蓄电池寿命越短，放电深度越浅，蓄电池寿命越长。

8.2.3　离网系统蓄电池配比计算

（1）组件的电压和蓄电池的电压要匹配，脉宽调制（pulse width modulation，PWM）型太阳能控制器和蓄电池之间通过一个电子开关相连接，中间没有电感等装置，组件的电压是蓄电池电压的 1.2～2.0 倍，如果是 24 V 的蓄电池，组件输入电压为 30～50 V。"最大功率点跟踪"（maximum power point tracking，MPPT）太阳能控制器和蓄电池之间有一个功率开关管和电感等电路，组件的电压是蓄电池电压的 1.2～3.5 倍。如果是 24 V 的蓄电池，组件输入电压为 30～90 V。

（2）AGM 蓄电池的充电电流一般为 $0.1C10$ 左右，快速充电不超过 $0.15C10$，例如 1 节铅酸蓄电池 12 V 200 A·h，充电电流一般为 20～30 A，最大不能超过 40 A。GEL 胶体电池充电电流可以适当加大到 $0.2C10$；蓄电池的放电电流一般为 $0.2C10$～$0.5C10$，不同类型的蓄电池，放电电流相差较大，AGM 蓄电池最大为 $1C10$，GEL 胶体电池最大可以到 $2C10$，铅炭电池最大可以到 $5C10$。

（3）光伏离网系统中，负载的用电量不是固定的，在计算蓄电池的总电量时，要根据用户的要求来设计。对于用电要求较高的用户，蓄电池可用电量要大于用户用电量的最高值；对于一般用户，蓄电池可用电量等于用户用电量的平均值。

（4）同一个蓄电池组，要保证蓄电池是同一个型号。尽量使蓄电池串联，保持蓄电池的充电和放电均衡。蓄电池并联的个数最好不超过 3 组，如果超过了，要考虑加入蓄电池管理系统（battery management system，BMS）。

（5）蓄电池组电缆的设计，主要考虑线路上的最大电流，用逆变器功率除以蓄电池组电压，得出最大放电电流，或者组件功率除以蓄电池组电压，得出最大充电电流（小于控制器的最大输出电流）。例如一个 3 kW 的逆变器，光伏控制器是 48V/50A，蓄电池组电压是 48 V，配 265 W 的组件 12 块，蓄电池组最大输出电流为 3000/48=62.5 A，组件总功率为 265×12=3180 W，3180/48=66.25 A，这是理论上最大充电电流；但由于控制器是 50 A，实际上最大充电电流是 50 A，所以电缆要按 62.5 A 来设计；如果电缆长度小于 50 m，可选电缆横截面积为 10 mm^2；如果电缆长度大于 50 m，或者有穿管、铠装等外包装，则要选电缆横截面积为 16 mm^2。

8.3　光伏系统控制器

8.3.1　控制器的功能

太阳电池的伏安特性具有很强的非线性，即当日照强度改变时，其开路电压不会有太大的改变，但所产生的最大电流会有相当大的变化，所以其输出功率与最大功率点会随之改变。然而当光强度一定时，太阳电池输出的电流一定，可以认为是恒流源。因此，必须研究和设计性能优良的太阳能光伏发电控制器，才能更有效地利用太阳能。

在离网太阳能光伏发电系统中，太阳电池将吸收的光能转换成的电能是通过

充放电控制器对蓄电池进行充电的，同时供给负载用电。充放电控制器的功能主
要有两个，一个是对蓄电池的充放电保护，以避免蓄电池有过充或过放的情形
发生，而蓄电池的任务则是储能，以便在夜间或阴雨天供给负载用电；另一个
是提供稳定的直流电压源给逆变器或直流负载使用。光伏控制器应具有的主要
功能如下：

(1)高压断开和恢复功能。控制器应具有输入高压断开和恢复连接功能。

(2)欠压警告断开和恢复功能。当蓄电池电压降到欠压设定值时发出声光报警
信号，并停止蓄电池向负载供电，当蓄电池电压恢复到欠压设定值以上时，恢复
蓄电池向负载供电。

(3)保护功能。控制器应具有负载短路保护电路；控制器内部短路保护电路；
蓄电池通过太阳电池组件反向放电保护电路；负载、太阳电池组件或蓄电池极性
反接保护电路；在多雷电区防止由雷击引起的击穿保护电路。

(4)温度补偿功能。当蓄电池温度低于 25℃时，蓄电池应有较高的充电电压，
以便完成充电过程。相反，高于该温度蓄电池要有较低充电电压。通常铅酸蓄电
池的温度补偿系数为−4 mV/℃。

8.3.2　控制器的种类

1. 并联型充放电控制器

并联型充放电控制器框图如图 8-5 所示，在并联型充放电控制器充电回路中，
开关器件 T1 是并联在太阳电池方阵的输出端，当蓄电池电压大于"充满切离电
压"时，开关器件 T1 导通，同时二极管 D1 截止，则太阳电池方阵的输出电流直
接通过 T1 短路泄放，不再对蓄电池进行充电，从而保证蓄电池不会出现过充电，
起到"过充电保护"作用。

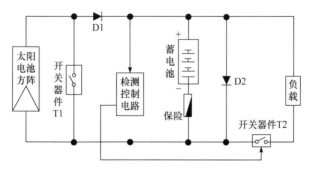

图 8-5　并联型充放电控制器框图

D1 为"防反充电二极管"，只有当太阳电池方阵输出电压大于蓄电池电压
时，D1 才能导通，反之 D1 截止，从而保证夜晚或阴雨天气时不会出现蓄电池向

太阳电池方阵反向充电，起到"防反向充电保护"作用。

开关器件 T2 为蓄电池放电开关，当负载电流大于额定电流出现过载或负载短路时，T2 关断，起到"输出过载保护"和"输出短路保护"作用。同时，当蓄电池电压小于"过放电压"时，T2 也关断，起到"过放电保护"的作用。

D2 为"防反接二极管"，当蓄电池极性接反时，D2 导通使蓄电池通过 D2 短路放电，产生很大电流可快速将熔断器的熔体熔断，起到"防蓄电池反接保护"作用。

检测控制电路随时对蓄电池电压进行检测，当电压大于"充满切离电压"时使 T1 导通进行"过充电保护"；当电压小于"过放电压"时使 T2 关断进行"过放电保护"。

2. 串联型充放电控制器

串联型充放电控制器框图如图 8-6 所示，串联型充放电控制器和并联型充放电控制器电路结构相似，唯一区别在于开关器件 T1 的接法不同，并联型 T1 并联在太阳电池方阵输出端，而串联型 T1 是串联在充电回路中。当蓄电池电压大于"充满切离电压"时，T1 关断，使太阳电池不再对蓄电池进行充电，起到"过充电保护"作用。

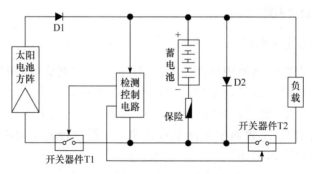

图 8-6　串联型充放电控制器框图

8.4　光伏逆变器

8.4.1　光伏系统对逆变器的要求

逆变器(inverter)的工作原理与整流器恰好相反，它的功能是将直流电转换为交流电，为"逆向"的整流过程，因此称为"逆变"。光伏阵列所发的电能为直流电能，然而许多负载需要交流电能，如变压器和电机等。直流供电系统有很大的局限性，不便于变换电压，负载应用范围也有限。除特殊用电负荷外，均需要使用逆变器将直流电变换为交流电。逆变器除了能将直流电能变换为交流电能外，还具有自动稳压的功能，可以改善风光互补发电系统的供电质量，并网型光伏发电系统也需要使用具有并网功能的交流逆变器。光伏系统对逆变器的要求如下。

(1) 要求具有较高的效率。由于目前太阳电池的价格偏高，为了最大限度地利用太阳电池，提高系统效率，必须设法提高逆变器的效率。

(2) 要求具有较高的可靠性。目前光伏电站系统主要用于边远地区，许多电站无人值守和维护，这就要求逆变器有合理的电路结构，严格的元器件筛选，并要求逆变器具备各种保护功能，如输入直流极性接反保护、交流输出短路保护、过热和过载保护等。

(3) 要求输入电压有较宽的适应范围。太阳电池的端电压随负载和日照强度变化而变化。特别是当蓄电池老化时其端电压的变化范围很大，如 12 V 的蓄电池，其端电压可能在 10~16 V 之间变化，这就要求逆变器在较大的直流输入电压范围内保证正常工作。

8.4.2　光伏逆变器类型

有关逆变器分类的方法很多，例如，根据逆变器输出交流电压的相数，可分为单相逆变器和三相逆变器；根据逆变器使用的半导体器件类型不同，又可分为晶体管逆变器、晶闸管逆变器及可关断晶闸管逆变器等；根据逆变器线路原理的不同，还可分为自激振荡型逆变器、阶梯波叠加型逆变器和脉宽调制型逆变器等；根据应用在并网系统还是离网系统中，又可以分为并网逆变器和离网逆变器。为了便于光电用户选用逆变器，这里仅以逆变器适用场合的不同进行分类。

1. 集中型逆变器

集中逆变技术是若干个并行的光伏组串被连到同一台集中逆变器的直流输入端，一般功率大的使用三相的绝缘栅双极型晶体管(insulated gate bipolar transistor，IGBT)功率模块，功率较小的使用场效应晶体管，同时使用数字信号处理(digital signal processing，DSP)技术转换控制器来改善所产出电能的质量，使它非常接近于正弦波电流，一般用于大型光伏发电站(>10 kW)的系统中。最大特点是系统的功率高、成本低，但由于不同光伏组串的输出电压、电流往往不完全匹配(特别是光伏组串因多云、树荫、污渍等原因被部分遮挡时)，采用集中逆变的方式会导致逆变过程的效率降低和电户能的下降。同时整个光伏系统的发电可靠性受某一光伏单元组工作状态不良的影响。最新的研究方向是运用空间矢量的调制控制以及开发新的逆变器的拓扑连接，以获得部分负载情况下的高效率。

2. 组串型逆变器

组串逆变器基于模块化概念基础，每个光伏组串(1~5 kW)通过一个逆变器，在直流端具有最大功率峰值跟踪，在交流端并联并网，已成为现在国际市场上最流行的逆变器。

许多大型光伏电厂使用组串逆变器。优点是不受组串间模块差异和遮影的影响，同时减少了光伏组件最佳工作点与逆变器不匹配的情况，从而增加了发电量。技术上的这些优势不仅降低了系统成本，也增加了系统的可靠性。同时，在组串间引入"主-从"的概念，使得系统在单串电能不能使单个逆变器工作的情况下，将几组光伏组串联系在一起，让其中一个或几个工作，从而产出更多的电能。

3. 微型逆变器

在传统的 PV 系统中，每一路组串型逆变器的直流输入端，会有 10 块左右光伏电池板串联接入。当 10 块串联的电池板中有一块不能良好工作，则这一串都会受到影响。若逆变器多路输入使用同一个 MPPT，那么各路输入也都会受到影响，大幅降低发电效率。在实际应用中，云彩、树木、烟囱、动物、灰尘、冰雪等各种遮挡因素都可能会引起上述情况。而在微型逆变器的 PV 系统中，每一块电池板分别接入一台微型逆变器，当电池板中有一块不能良好工作，则只有这一块会受到影响。其他光伏板都将在最佳工作状态运行，使得系统总体效率更高，发电量更大。在实际应用中，若组串型逆变器出现故障，则会引起几千瓦的电池板不能发挥作用，而微型逆变器故障造成的影响相当小。

4. 功率优化器

太阳能发电系统加装功率优化器(optimizer)可大幅提升转换效率，并将逆变器功能化繁为简降低成本。为实现智慧型太阳能发电系统，装置功率优化器可确实让每一个太阳电池发挥最佳效能，并随时监控电池耗损状态。功率优化器是介于发电系统与逆变器之间的装置，主要任务是替代逆变器原本的最佳功率点追踪功能。功率优化器以将线路简化以及单一太阳电池对应一个功率优化器等方式，以类比式进行极为快速的最佳功率点追踪扫描，进而让每一个太阳电池皆可确实达到最佳功率点追踪，除此之外，还能通过置入通信晶片随时随地监控电池状态，及时汇报问题让相关人员尽速维修。

8.4.3　光伏逆变器的功能

逆变器不仅具有直交流变换功能，还具有最大限度地发挥太阳电池性能的功能和系统故障保护功能。归纳起来有自动运行和停机功能、最大功率跟踪控制功能、防单独运行功能(并网系统用)、自动电压调整功能(并网系统用)、直流检测功能(并网系统用)、直流接地检测功能(并网系统用)。这里简单介绍自动运行和停机功能及最大功率跟踪控制功能。

1. 自动运行和停机功能

早晨日出后,太阳辐射强度逐渐增强,太阳电池的输出也随之增大,当达到逆变器工作所需的输出功率后,逆变器即自动开始运行。进入运行后,逆变器便时时刻刻监视太阳电池组件的输出,只要太阳电池组件的输出功率大于逆变器工作所需的功率,逆变器就持续运行;直到日落停机,即使阴雨天逆变器也能运行。当太阳电池组件输出变小,逆变器输出接近 0 时,逆变器便形成待机状态。

2. 最大功率跟踪控制功能

太阳电池组件的输出是随太阳辐射强度和太阳电池组件自身温度(芯片温度)而变化的。另外由于太阳电池组件具有电压随电流增大而下降的特性,因此存在能获取最大功率的最佳工作点。太阳辐射强度是变化的,显然最佳工作点也是在变化的。相对于这些变化,始终让太阳电池组件的工作点处于最大功率点,系统始终从太阳电池组件获取最大功率输出,这种控制就是最大功率跟踪控制。太阳能发电系统用的逆变器的最大特点就是拥有最大功率点跟踪这一功能。

8.4.4　逆变器主要技术性能指标

1. 输出电压的稳定度

在光伏系统中,太阳电池发出的电能先由蓄电池储存起来,然后经过逆变器逆变成 220 V 或 380 V 的交流电。但是蓄电池受自身充放电的影响,其输出电压的变化范围较大。例如,标称 12 V 的蓄电池,其电压值可在 10.8～14.4 V 之间变动(超出这个范围可能对蓄电池造成损坏)。对于一个合格的逆变器,输入端电压在这个范围内变化时,其稳态输出电压的变化量应不超过额定值的 5%,同时当负载发生突变时,其输出电压偏差不应超过额定值的±10%。

2. 输出电压的波形失真度

对于正弦波逆变器,应规定允许的最大波形失真度(或谐波含量)。通常以输出电压的总波形失真度表示,其值应不超过 5%(单相输出允许 10%)。由于逆变器输出的高次谐波电流会在感性负载上产生涡流等附加损耗,如果逆变器波形失真度过大,会导致负载部件严重发热,不利于电气设备的安全,并且严重影响系统的运行效率。

3. 额定输出频率

对于包含电机之类的负载,如洗衣机、电冰箱等,由于其电机最佳频率工作点为 50Hz,频率过高或者过低都会造成设备发热,降低系统运行效率和使用寿命,所以逆变器的输出频率应是一个相对稳定的值，通常为工频 50Hz，正常工作条件下其偏差应在 1%以内。

4. 负载功率因数

负载功率因数用于表征逆变器带感性负载或容性负载的能力。正弦波逆变器的负载功率因数为 0.7～0.9，额定值为 0.9。在负载功率一定的情况下，如果逆变器的功率因数较低，则所需逆变器的容量就要增大，一方面造成成本增加，另一方面光伏系统交流回路的视在功率增大，回路电流增大，损耗必然增加，系统效率也会降低。

5. 逆变器效率

逆变器的效率是指在规定的工作条件下，其输出功率与输入功率之比，以百分数表示。一般情况下，光伏逆变器的标称效率是指纯阻负载、80%负载情况下的效率。由于光伏系统总体成本较高，因此应该最大限度地提高光伏逆变器的效率，降低系统成本，提高光伏系统的性价比。目前主流逆变器标称效率为80%～95%，对小功率逆变器要求其效率不低于 85%。在光伏系统实际设计过程中，不但要选择高效率的逆变器，同时还应通过系统合理配置，尽量使光伏系统负载工作在最佳效率点附近。

6. 额定输出电流(或额定输出容量)

额定输出电流是指在规定的负载功率因数范围内逆变器正常工作条件下的输出电流。有些逆变器产品给出的是额定输出容量，其单位以 VA 或 kVA 表示。逆变器的额定输出容量是当输出功率因数为 1(即纯阻性负载)时，额定输出电压与额定输出电流的乘积。

7. 保护措施

一款性能优良的逆变器，还应具备完备的保护功能或措施，以应对在实际使用过程中出现的各种异常情况，使逆变器本身及系统其他部件免受损伤。

(1)输入欠压保护：当输入端电压低于额定电压的 85%时，逆变器应有保护和显示。

(2)输入过压保护：当输入端电压高于额定电压的 130%时，逆变器应有保护和显示。

(3)过电流保护：逆变器的过电流保护，应能保证在负载发生短路或电流超过允许值时及时动作，使其免受浪涌电流的损伤。当工作电流超过额定的 150%时，逆变器应能自动保护。

(4)输出短路保护：逆变器短路保护动作时间应不超过 0.5 s。

(5)输入反接保护：当输入端正、负极接反时，逆变器应有防护功能和显示。

(6)防雷保护：逆变器应有防雷保护。

(7)过温保护等。

另外，对无电压稳定措施的逆变器，逆变器还应有输出过电压防护措施，以使负载免受过电压的损害。

8. 起动特性

起动保护用于表征逆变器带负载起动的能力和动态工作时的性能。逆变器应保证在额定负载下可靠起动。

9. 噪声

电力电子设备中的变压器、滤波电感、电磁开关及风扇等部件均会产生噪声。逆变器正常运行时，其噪声应不超过 80 dB，小型逆变器的噪声应不超过 65 dB。

8.4.5　光伏系统逆变器的选择

逆变器的选用，首先要考虑具有足够的额定容量，以满足最大负荷下设备对电功率的要求。对于以单一设备为负载的逆变器，其额定容量的选取较为简单。

当用电设备为纯阻性负载或功率因数大于 0.9 时，选取逆变器的额定容量为用电设备容量的 1.1～1.15 倍即可。同时逆变器还应具有抗容性和感性负载冲击的能力。

对一般电感性负载，如电机、冰箱、空调、洗衣机、大功率水泵等，在启动时，其瞬时功率可能是其额定功率的 5～6 倍，此时，逆变器将承受很大的瞬时浪涌。针对此类系统，逆变器的额定容量应留有充分的余量，以保证负载能可靠启动，高性能的逆变器可做到连续多次满负荷起动而不损坏功率器件。小型逆变器为了自身安全，有时需采用软起动或限流启动的方式。

第9章　光伏系统的设计

9.1　光伏发电系统分类

光伏发电系统主要可分为独立光伏系统和并网光伏系统。独立光伏系统也称为离网光伏系统，主要由太阳电池组件、控制器、蓄电池组成。若要为交流负载供电，还需要配置交流逆变器。独立光伏电站包括边远地区的村庄供电系统、太阳能户用电源系统、通信信号电源、阴极保护、太阳能路灯等各种带有蓄电池的可以独立运行的光伏发电系统。并网光伏发电就是太阳能组件产生的直流电经过并网逆变器转换成符合市电电网要求的交流电后直接接入公共电网。

并网光伏系统有集中式大型并网光伏电站和分布式并网光伏系统。集中式大型并网光伏电站的主要特点是能将所发电直接输送到电网，由电网统一调配向用户供电。这种电站投资大、建设周期长、占地面积大。而分布式光伏系统，有投资小、建设快、占地面积小、政策支持力度大等优点。分布式并网光伏系统的基本设备包括光伏电池组件、光伏方阵支架、直流汇流箱、直流配电柜、并网逆变器、交流配电柜等设备，另外还有供电系统监控装置和环境监测装置。其运行模式是在有太阳辐射的条件下，光伏发电系统的太阳电池组件阵列将太阳能转换为输出的电能，经过直流汇流箱集中送入直流配电柜，由并网逆变器逆变成交流电供给建筑自身负载，多余或不足的电力通过连接电网来调节，如图9-1所示。

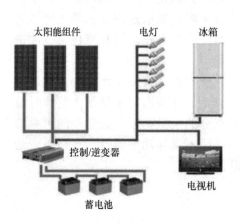

图 9-1　分布式并网光伏系统组成框图

9.2　光伏发电系统设计原则和方法

由于光伏发电系统的应用日趋广泛，不同安装地点以及不同负载应用场景都会导致光伏系统设计上的差异。总体来说，光伏系统的设计需要在满足负载供电需求的前提下，通过使用最少的光伏组件来尽量减少系统的初始投资，避免由于不恰当系统配置导致投资增加或不能满足负载需求。

9.2.1　光伏系统设计原则

光伏发电系统的设计包括两个方面：容量设计和硬件设计。光伏发电系统容量设计的主要目的就是要计算出发电系统在全年内能够可靠工作所需的太阳电池组件和蓄电池的数量。同时要注意协调分布式光伏发电系统工作的最大可靠性和成本两者之间的关系，在满足最大可靠性基础上尽量地减少分布式光伏发电系统的成本。分布式光伏发电系统硬件设计的主要目的是根据实际情况选择合适的硬件设备，包括太阳电池组件的选型、支架设计、逆变器的选择、电缆的选择、控制测量系统的设计、防雷设计和配电系统设计等。在进行分布式光伏发电系统设计时需要综合考虑软件和硬件两方面。针对不同类型的分布式光伏发电系统，软件设计的内容也不一样。独立分布式光伏发电系统、并网分布式光伏发电系统和混合分布式光伏发电系统的设计方法和考虑重点都会有所不同。

(1)先进性。随着国家对于可再生能源的日益重视，开发利用可再生能源已经是新能源战略的发展趋势。根据当地太阳日照条件、电源设施及用电负载的特性，选择利用太阳能资源建设分布式光伏发电系统，既节能环保，又能避免采用市电铺设电缆的巨大投资(远离市电电源的用电负载)，是具有先进性的电源建设方案。

(2)完整性。太阳能分布式光伏发电系统包括太阳电池组件、蓄电池、控制器、逆变器等部件，分布式光伏发电系统可以独立对外界提供电源，与其他用电负载和市电电源配套，形成一个完整的离网和并网的分布式光伏发电系统。分布式光伏发电系统应具有完善的控制系统、储能系统、功率变换形态、防雷接地系统等构成一个统一的整体，具有完整性。

(3)可扩展性。随着太阳能光伏发电技术的快速发展，分布式光伏发电系统的功能也会越来越强大。这就要求分布式光伏发电系统能适应系统的扩充和升级，分布式光伏发电系统的太阳电池组件应为并联模块结构，在系统需扩充时可以直接并联加装电池板模块，控制器或逆变器也应采用模块化结构，在系统需要升级时，可直接对系统进行模块扩展，而原来的设备器件等都可以保留，以使分布式光伏发电系统具有良好的可扩展性。

(4)智能化程度。所设计的太阳能分布式光伏发电系统，在使用过程中应不需要任何人工的操作，控制器可以根据太阳电池组件和蓄电池的容量情况控制负载端的输出，所有功能都由微处理器自动控制，还应能实时监测太阳能分布式光伏发电系统的工作状态，定时或实时采集分布式光伏发电系统主要部件的状态数据并上传至控制中心，通过计算机分析，实时掌握设备工作状况，对于工作状态异常的设备，发出故障报警信息，以使维护人员可提前排除故障，保证供电的可靠性。

9.2.2　光伏系统设计方法

总体来说，独立光伏系统设计分为以下程序：收集当地气象参数、计算负载分布情况、根据阵列倾斜面上的太阳辐射量确定光伏总功率、根据系统稳定性等因素确定电池容量、选择控制器和逆变器等。

（1）获取当地太阳能资源和气象数据，太阳能资源包括年太阳总辐射量（辐照度）、太阳能辐射量和辐射强度的每月、日平均值，气象数据包括年平均温度、年平均风速、年最大风速、年最高气温、年最低气温、一年最长连续阴雨天（含降水与降雪）、年冰雹次数、年沙暴日数。

（2）了解并计算太阳能光伏发电系统所供应负载的详细情况，包括负载额定功率、峰值功率、供电方式、供电电压、使用时间、日平均用电量、负载性质等。在保证满足负载供电需求的情况下，确定使用最少的太阳电池组件和蓄电池，以尽量减少初始投资。并网系统应了解当地电网情况，包括电网距光伏发电系统距离以及电网质量等。

（3）确定光伏阵列的安装位置。光伏阵列的安装位置应选择在阳光不被遮挡的地方，尽量避开山石区，远离树木防止阴影对光伏组件的遮蔽；阵列应尽量避开水流通道和易积水的部位。为了减少供电线路上的损耗和压降，光伏系统应尽量建在负载附近。同时应对光伏发电系统周边的土壤进行测量，确定土壤电阻，根据当地地形以及土壤电阻率确定接地装置的位置和接地体的埋设方案。

光伏发电系统的设计分为软件设计和硬件设计，软件设计先于硬件设计。软件设计包括：负载用电量的计算、光伏阵列辐射量的计算、光伏电池组件及蓄电池用量的计算和两者之间互相匹配优化设计、光伏阵列安装倾角的计算、系统运行情况的预测和经济效益的分析等。硬件设计包括：光伏组件和蓄电池的选型、光伏阵列支架的设计、逆变器的选型和设计、控制器的选型和设计，以及防雷接地、配电设备和配电线路的设计。

9.3　独立光伏系统设计

独立光伏系统设计包括负载用电量的估算、太阳电池组件数量和蓄电池容量的计算以及太阳电池组件安装最佳倾角的计算。因为太阳电池组件数量和蓄电池容量是光伏系统软件设计的关键部分，所以本节将着重讲述计算与选择太阳电池组件和蓄电池的方法。需要说明的一点是，在系统设计中，并不是所有的选择都依赖于计算。有些时候需要设计者自己做出判断和选择。计算的技巧很简单，设计者对负载的使用效率和恰当性做出正确的判断才是得到一个符合成本效益的良好设计的关键。

9.3.1 设计的主要原则

独立光伏系统的设计应在保证满足对系统负载供电保障率要求的前提下，对环境条件、系统性能进行综合评价，保证适当的系统可扩展性，设计各子系统。光伏系统设计是非常复杂的过程，这里仅给出一些总体原则和要求，详细的要求由光伏系统设计规范给出。

光伏子系统的设计功率为标准日发电量乘以光伏系统效率，应在设计月倾斜面日辐射量下，满足系统负载日用电量的要求。年均衡负载的独立光伏系统设计月倾斜面日辐射量应小于倾斜面年平均日辐射量，一般等于倾斜面最小辐射月平均日辐射量。非均衡性负载独立光伏系统设计主要依据是使负载使用时段获得最大的太阳辐射。光伏子系统电压设计应充分考虑光伏系统的电压温度关系：设计工作电压应保证全年对蓄电池的有效充电，系统可能达到的最高电压不能超过单块光伏组件所能承受的最大系统电压。注：光伏子系统标准日发电量等于方阵功率乘标准等价发电时。光伏系统效率主要由光伏子系统的温度损耗、组合损耗、遮挡损耗、储能子系统的充放电效率、功率调节器的逆变效率、功率调节损耗以及输电电网损耗等组成。晶硅光伏系统效率可参考选取 0.51。独立光伏系统中宜使用适宜深度放电并具有较长循环寿命的储能型蓄电池。独立光伏系统蓄电池的容量应在倾斜面日辐射量的一定变化范围内能储存满足负载用电所需的电能。蓄电池容量的设计应综合考虑蓄电池设计寿命、负荷情况、倾斜面辐射的不均衡度、光伏子系统功率、系统效率等。对于蓄电池使用温度偏离标准温度较大时，应根据使用温度适当调整蓄电池设计容量。

对于确定的供电保障率，光伏子系统设计功率取值较小时，系统的蓄电池配置容量增加，光伏子系统功率变化量与蓄电池容量变化量的关系取决于光伏系统建设地的辐射状况。按满足系统供电保障率要求、系统综合造价最低的光伏子系统功率与蓄电池容量优化设计原则，设计月倾斜面日辐射量以最小月平均倾斜面日辐射量(或接近值)为基础设计为宜。光伏子系统设计余量不够时，蓄电池容量不宜选取过大；光伏子系统设计余量较大时，蓄电池容量不宜选取过小。注：晶硅光伏系统蓄电池设计容量，一般应不小于光伏子系统设计标准日发电量的 2.44 倍。功率调节器的容量应综合考虑负载的功率、功率因数、用电同时率、逆变器的负荷率和各相不平衡系数。系统设计应有冗余量，功率调节器应具有限制、保护功能以满足系统可靠工作的要求，对于高供电保障率要求的系统可考虑采用关键设备备份或模块化冗余配置，提高系统运行可靠性。系统设计还应考虑防爆、防静电、防盗等安全设计。系统设计应考虑建站地点的地理条件，如高海拔、沿海、海岛及潮湿环境等。用于海拔较高地区的系统，设计时要充分考虑建站地点特殊的地理条件，如气压低、空气密度小、散热条件差等因素，要保证密封蓄电池的排气阀压力范围和电子元件的散热特性。用于环境温度过高或过低地区的系统，除关键设备设计选型对其温度适应性进行相关要求外，还应特别考虑蓄电池室的温度调控设计。在地震多发地区的系统工程应考虑相应的防震设计，包括土建、方阵支架、蓄电池架等的防震。设计使用的环境气象数据主要有：现场地理位置(包括地点、纬度、经度和海拔等)、气象资料(包括逐月太阳总辐射、直接辐射或散射辐射、年平均气温、最高和最低气温、最长连续阴雨天数、最大风速、冰雹、降雪、雷电等情况)。在无完整气象资料时，可参考条件相似地点的气象资料或采用经验公式/方法进行估算。应进行系统设计的综合优化，以提高系统效率，更好地满足系统供电保障率要求。在系统参数设计中，应尽量选取《独立光伏系统技术规范》GB/T 29196—2012 推荐的相应技术参数值，也可按用户的特殊要求设计。由于系统设计涉及环境气象参数，如太阳辐射等复杂计算，宜采用计算机辅助设计。

　　独立光伏系统设计的主要内容：①计算负载用电量及确定供电电压等级。②按负载功率及系统供电保障率要求，结合太阳辐射资源、现场情况、系统效率因素，选择方位角，优化倾角，计算光伏组件用量，确定光伏组件选型、方阵电气结构设计。③综合负载功率、系统供电保障率要求、气象条件、系统功率、储能装置(蓄电池)特性，计算储能装置(蓄电池)容量、优化光伏子系统功率和蓄电池容量配置。根据系统直流电压或逆变器的要求选取蓄电池组的电压。④主控和监视子系统设计。⑤功率调节器设计。⑥工程设计(可能包括占地、围墙、光伏方阵、电缆沟、机房、防雷、接地、排水系统等)。⑦配电系统设计(可选择)。

9.3.2　安装位置太阳能资源评估

　　设计光伏系统必须了解与收集项目建设地的太阳能辐射资源与气象数据，太阳能资源包括年太阳总辐射量(辐照度)、太阳能辐射量和辐射强度的每月、日平均值，气象数据包括年平均温度、年最高气温、年最低气温、一年最长连续阴雨天(含降水与降雪)、年平均风速、年最大风速、年冰雹次数、年沙暴日数。

9.3.3　负载用电需求估算

　　光伏系统的负载估算是系统设计和成本核算的关键环节。负载设备的功率可以通过测量或产品技术资料获得，或参考同类型设备的有关数据。负载设备工作的时间可通过测算得到。在测算所得负载基础上，还应对负载可能的变动因素进行分析和评估，进行设计调整。有直流负载时，系统直流电压一般依据最大负载直流电压进行选取；交流电压一般根据负载设备的要求选取。

设计太阳电池组件要满足光照最差季节的需要。在进行太阳电池组件设计的时候，首先要考虑的问题就是设计的太阳电池组件输出要等于全年负载需求的平均值。在这种情况下，太阳电池组件将提供负载所需的所有能量。但这也意味着每年都有将近一半的时间蓄电池处于亏电状态。蓄电池长时间内处于亏电状态将使得蓄电池的极板硫酸盐化。而在独立光伏系统中没有备用电源在天气较差的情况下给蓄电池进行再充电，这样蓄电池的使用寿命和性能将会受到很大的影响，整个系统的运行费用也将大幅度增加。太阳电池组件设计中较好的办法是使太阳电池组件能满足光照最恶劣季节里的负载需要，也就是要保证在光照情况最差的情况下蓄电池也能够被完全地充满电。这样蓄电池全年都能达到全满状态，可延长蓄电池的使用寿命，减少维护费用。

9.4　光伏阵列设计

太阳电池组件设计的基本思想就是满足年平均日负载的用电需求。计算太阳电池组件的基本方法是用负载平均每天所需要的能量(安时数)除以一块太阳电池组件在一天中可以产生的能量(安时数)，这样就可以算出系统需要并联的太阳电池组件数，使用这些组件并联就可以产生系统负载所需的电流。将系统的工作电压除以太阳电池组件的标称电压，就可以得到太阳电池组件需要串联的太阳电池组件数，使用这些太阳电池组件串联就可以产生系统负载所需的电压。

1. 确定组件串联数 N_S

组件的串联数必须适当，串联数太小，串联电压低于蓄电池浮充电压，阵列就不能对蓄电池有效充电；串联数太多，串联电压远高于蓄电池浮充电压，充电电流也不会显著增加。因此，为让蓄电池达到最佳充电状态，组件的串联数计算如下：

$$N_S = \frac{V_R}{V_{OP}} = \frac{V_F + V_D + V_C}{V_{OP}} \tag{9-1}$$

其中，V_R 是阵列输出最小电压；V_{OP} 是组件的最佳工作电压；V_F 是蓄电池的浮充电压，与所选的蓄电池参数有关，应等于在最低温度下所选蓄电池单体的最大工作电压乘以串联的电池数；V_D 是二极管压降；V_C 是其他因素引起的压降。

2. 确定并联数 N_P

在确定 N_P 之前，我们先确定其相关量的计算方法。

(1) 将太阳电池方阵安装地点的太阳能日辐射量 H_t，转换成在标准光强下的平均日辐射时数 H：

$$H = H_t \times 2.778 / 10000 \tag{9-2}$$

其中，$2.778/10000\,(\mathrm{h \cdot m^2/kJ})$ 是将日辐射量换算为标准光强 $(1000\ \mathrm{W/m^2})$ 下的平均日辐射时数的系数。

(2) 太阳电池组件日发电量 Q_P：

$$Q_P = I_{OC} \times H \times K_{OP} \times C_Z \tag{9-3}$$

其中，I_{OC} 是太阳电池组件最佳工作电流；K_{OP} 是斜面修正系数；C_Z 是修正系数，主要为组合、衰减、灰尘、充电效率等造成的损失，一般取 0.8。

(3) 两次最长连续阴雨天之间的最短间隔天数 N_W。此数据为本设计之独特之处，主要考虑要在此段时间内补充亏损的蓄电池电量，需补充的蓄电池容量 B_{CB} 为

$$B_{CB} = A \times Q_L \times N_L \tag{9-4}$$

其中，A 是安全系数，取 $1.1 \sim 1.4$；Q_L 是负载日平均耗电量，即工作电流乘以日工作小时数；N_L 是最长连续阴雨天数。

(4) 太阳电池组件并联数 N_P 的计算方法为

$$N_P = (B_{CB} + N_W \times Q_L) / (Q_P \times N_W) \tag{9-5}$$

在两次连续阴雨天之间的最短间隔天数内所发电量，不仅供负载使用，还需补足蓄电池在最长连续阴雨天内所亏损电量。

3. 太阳电池方阵的功率计算

根据太阳电池组件的串并联数，即可得出所需太阳电池方阵的功率 P：

$$P = P_0 \times N_S \times N_P \tag{9-6}$$

其中，P_0 是太阳电池组件的额定功率。

太阳电池组件设计的基本思想就是满足年平均日负载的用电需求，计算太阳电池组件的基本方法是用负载平均每天所需要的能量(安时数)除以一块太阳电池组件在一天中可以产生的能量(安时数)，这样就可以算出系统需要并联的太阳电池组件数，使用这些组件并联就可以产生系统负载所需要的电流。将系统的标称电压除以太阳电池组件的标称电压，就可以得到太阳电池组件需要串联的太阳电池组件数，使用这些太阳电池组件串联就可以产生系统负载所需要的电压。

太阳电池组件的输出，会受到一些外在因素的影响而降低，根据上述基本公式计算出的太阳电池组件，在实际情况下通常不能满足光伏发电系统用电的需求，

为了得到更加正确的结果，有必要对上述基本公式进行修正。

（1）将太阳电池组件输出降低 10%。在实际情况工作下，太阳电池组件的输出会受到环境因素的影响而降低。泥土、灰尘的覆盖和组件性能的慢慢衰变都会降低太阳电池组件的输出。通常的做法是在计算时减少太阳电池组件输出的 10%，以解决上述不可预知和不可量化的因素。可以将这看成是光伏系统设计时需考虑的工程安全系数。又因为光伏发电系统的运行还依赖于天气状况，所以有必要对这些因素进行评估，因此设计上留有一定的余量将使光伏发电系统可以长期稳定安全运行。

（2）将负载增加 10% 以应付蓄电池的库仑效率。在蓄电池的充放电过程中，铅酸蓄电池会电解水，产生气体逸出，这也就是说太阳电池组件产生的电流中将有一部分不能转化为电能储存起来而是耗散掉。所以可以认为必须有一小部分电流用来补偿损失，可用蓄电池的库仑效率来评估这种电流损失。不同的蓄电池其库仑效率不同，通常可以认为有 5%～10% 的损失，所以保守的设计中有必要将太阳电池组件的功率增加 10% 以补偿蓄电池的耗散损失。

考虑到上述因素，必须修正太阳电池组件设计公式，将每天的负载除以蓄电池的库仑效率，这样就增加了每天的负载，实际上给出了太阳电池组件需要负担的真正负载；将衰减因子乘以太阳电池组件的日输出，这样就考虑了环境因素和组件自身衰减造成的太阳电池组件日输出的减少，给出了一个在实际情况下太阳电池组件输出的保守估算值。

在进行太阳电池组件的设计计算时，对于全年负载不变的情况，太阳电池组件的设计计算是基于辐照最低的月份。如果负载的工作情况是变化的，即每个月份的负载对电力的需求是不一样的，那么在设计时采取的最好方法是按照不同的季节或者每个月份分别来进行计算，计算出所需的最大太阳电池组件数目。通常在夏季、春季和秋季，太阳电池组件的电能输出相对较多，而冬季相对较少，但是负载的需求也可能在夏季比较大，所以在这种情况下只是用年平均或者某一个月份进行设计计算是不准确的，因为为了满足每个月份负载需求而需要的太阳电池组件数是不同的，那么就必须按照每个月所需要的负载算出该月所必需的太阳电池组件。其中的最大值就是一年中所需要的太阳电池组件数目。例如，在冬季计算出需要的太阳电池组件数是 10 块，但是在夏季可能只需要 5 块，但是为了保证光伏发电系统全年的正常运行，就不得不安装较多数量的太阳电池组件，即 10 块组件来满足全年负载的需要。

9.5　蓄电池的设计

蓄电池的设计思想是保证在太阳光照连续低于平均值的情况下负载仍可以正

常工作。我们可以设想蓄电池是充满电的，在光照度低于平均值的情况下，太阳电池组件产生的电能不能完全填满由于负载从蓄电池中消耗能量而产生的空缺，若未完全填满，这样在第一天结束的时候，蓄电池就会处于未充满状态。如果第二天光照度仍然低于平均值，蓄电池就仍然要放电以供给负载的需要，蓄电池的荷电状态继续下降。也许接下来的第三天、第四天会有同样的情况发生。但是为了避免蓄电池的损坏，这样的放电过程只能够允许持续一定的时间，直到蓄电池的荷电状态到达指定的危险值。为了量化评估这种太阳光照连续低于平均值的情况，在进行蓄电池设计时，我们需要引入一个不可缺少的参数——自给天数，即系统在没有任何外来能源的情况下负载仍能正常工作的天数。这个参数让系统设计者能够选择所需使用的蓄电池容量大小。

一般来讲，自给天数的确定与两个因素有关：负载对电源的要求程度；光伏系统安装地点的气象条件即最大连续阴雨天数。通常可以将光伏系统安装地点的最大连续阴雨天数作为系统设计中使用的自给天数，但还要综合考虑负载对电源的要求。对于负载对电源要求不是很严格的光伏应用，我们在设计中通常取自给天数为3～5天。对于负载要求很严格的光伏应用系统，我们在设计中通常取自给天数为7～14天。所谓负载要求不严格的系统通常是指用户可以稍微调节一下负载需求从而适应恶劣天气带来的不便，而严格系统指的是用电负载比较重要，如常用于通信、导航或者重要的健康设施如医院、诊所等。此外还要考虑光伏系统的安装地点，如果在很偏远的地区，必须设计较大的蓄电池容量，因为维护人员要到达现场需要花费很长时间。蓄电池的设计包括蓄电池容量的设计计算和蓄电池组的串并联设计。

因此，蓄电池的容量由下列因素决定：

(1)蓄电池单独工作天数。在特殊气候条件下，蓄电池允许放电达到蓄电池所剩正常额定容量的20%。

(2)蓄电池每天放电量。对于日负载稳定且要求不高的场合，日放电周期深度可限制在蓄电池所剩容量占额定容量的80%。

(3)蓄电池要有足够的容量，以保证不会因过充电而造成蓄电池失水。一般在选择蓄电池容量时，只要蓄电池容量大于太阳电池组件峰值电流的25倍，则蓄电池在充电时就不会造成失水。

(4)蓄电池自放电率。随着蓄电池使用时间的延长以及蓄电池温度的升高，自放电率会增加。新电池自放电率通常小于额定容量的5%，但是老旧电池自放电率可到额定容量的10%～15%。

蓄电池的容量对保证连续供电是很重要的。在一年内，方阵发电量各月份有很大差别。方阵的发电量在不能满足用电需要的月份，要靠蓄电池的电能给以补足；在超过用电需要的月份，是靠蓄电池将多余的电能储存起来。所以方阵发电量的不足和过剩值，是确定蓄电池容量的依据之一。同样，连续阴雨天期间的负载用电也必须从蓄电池取得。所以，这期间的耗电量也是确定蓄电池容量的因素之一。因此，蓄电池的容量 B_C 计算公式为

$$B_C = A \times Q_L \times N_L \times T_O / C_C \tag{9-7}$$

其中，T_O 是温度修正系数，一般在 0℃以上取 1，–10℃以上取 1.1，–10℃以下取 1.2；C_C 是蓄电池放电深度，一般铅酸蓄电池取 0.75，碱性镍镉蓄电池取 0.85。

9.6　设　计　实　例

以某地面卫星接收站为例：负载电压为 12V，功率为 25 W，每天工作 24 h，最长连续阴雨天为 15 天，两最长连续阴雨天最短间隔天数为 30 天。

太阳电池采用云南半导体器件厂生产的 38D975×400 型组件，组件标准功率为 38 W，工作电压为 17.1 V，工作电流为 2.22 A。

蓄电池采用铅酸免维护蓄电池，浮充电压为 (14 ± 1) V。

其水平面的年平均日辐射量为 12110 kJ/m^2，K_{op} 值为 0.885，最佳倾角为 16.13°，计算太阳电池方阵功率及蓄电池容量。

1. 蓄电池容量 B_C

$$B_C = A \times Q_L \times N_L \times T_O / C_C = 1.2 \times (25/12) \times 24 \times 15 \times 1 \div 0.75 = 1200 \, (\text{A} \cdot \text{h})$$

2. 太阳电池方阵功率 P

$$N_S = V_R / V_{OC} = (V_f + V_D + V_C)/V_{OC} = (14 + 0.7 + 1)/17.1 = 0.92 \approx 1$$

太阳电池每天发电量：

$$Q_P = I_{OC} \times H \times K_{OP} \times C_Z = 2.22 \times 12110 \times (2.778/10000) \times 0.885 \times 0.8 \approx 5.29 \, (\text{A} \cdot \text{h})$$

需补充的蓄电池容量 $B_{CB} = A \times Q_L \times N_L = 1.2 \times (25/12) \times 24 \times 15 = 900 \, (\text{A} \cdot \text{h})$

系统每天耗电量：　　$Q_L = (25/12) \times 24 = 50 \, (\text{A} \cdot \text{h})$

$$N_P = (B_{CB} + N_W \times Q_L)/(Q_P \times N_W) = (900 + 30 \times 50)/(5.29 \times 30) \approx 15$$

故太阳电池方阵功率：$P = P_0 \times N_S \times N_P = 38 \times 1 \times 15 = 570 \, (\text{W})$

计算结果显示该地面卫星接收站需太阳电池方阵功率为 570W，蓄电池容量为 1200A·h。

参 考 文 献

常启兵，王艳香，2013. 光伏材料学[M]. 北京：化学工业出版社.

陈哲艮，郑志东，2020. 晶体硅太阳电池制造工艺原理[M]. 北京：机械工业出版社.

种法力，滕道祥，2020. 硅太阳能电池光伏材料[M]. 北京：化学工业出版社.

段春艳，班群，冯源，2018. 晶体硅太阳电池生产工艺[M]. 北京：化学工业出版社.

洪学鹍，杨希峰，钱斌，等，2017. 硅材料电池原理及制造[M]. 北京：科学出版社.

李英姿，2013. 太阳能光伏并网发电系统设计与应用[M]. 北京：机械工业出版社.

马丁·格林，2010. 太阳能电池：工作原理、技术和系统应用[M]. 上海：上海交通大学出版社.

马丁·格林，2011. 硅太阳能电池：高级原理与实践[M]. 上海：上海交通大学出版.

朴政国，周京华，2013. 光伏发电原理、技术及其应用[M]. 北京：电子工业出版社.

沈辉，2020. 晶体硅太阳电池[M]. 北京：化学工业出版社.

沈辉，徐建美，董娴，2019. 晶体硅光伏组件[M]. 北京：化学工业出版社.

施敏，伍国珏，2008. 半导体器件物理[M]. 3 版. 耿莉，张瑞智，译. 西安：西安交通大学出版社.

王文静，李海玲，周春兰，等，2013. 晶体硅太阳电池制造技术[M]. 北京：机械工业出版社.

杨金焕，2013. 太阳能光伏发电技术[M]. 北京：电子工业出版社.

HANSEN J，2006. Global temperature change[J]. Proceedings of the National Academy of Sciences，103：14288-14293.

JESCH L F，1980. Solar energy utilisation[J]. Electronics and Power，26（7）：591.

WENHAM S R，GREEN M A，WATT M E，et al，2008. 应用光伏学[M]. 狄大卫，高兆利，韩见殊，等译. 上海：上海交通大学出版社.